财富自由的底层逻辑

余襄子 著

海豚出版社
DOLPHIN BOOKS
中国国际传播集团

图书在版编目（CIP）数据

财富自由的底层逻辑 / 余襄子著 . -- 北京 : 海豚出版社 , 2024. 8. -- ISBN 978-7-5110-7022-7

Ⅰ. TS976.15-49

中国国家版本馆 CIP 数据核字第 2024YF9518 号

出 版 人：王　磊

策　　划：吕玉萍

责任编辑：刘　璇

装帧设计：李　荣

责任印制：于浩杰　蔡　丽

法律顾问：中咨律师事务所　殷斌律师

出　　版：海豚出版社

地　　址：北京市西城区百万庄大街 24 号

邮　　编：100037

电　　话：010-68325006（销售）　010-68996147（总编室）

传　　真：010-68996147

印　　刷：三河市燕春印务有限公司

经　　销：全国新华书店及各大网络书店

开　　本：1/16（710mm × 1000mm）

印　　张：12

字　　数：131 千字

版　　次：2024 年 8 月第 1 版　2024 年 8 月第 1 次印刷

标准书号：ISBN 978-7-5110-7022-7

定　　价：59.00 元

前　言

天下熙熙皆为利来，天下攘攘皆为利往。

在这个快节奏的时代，有时候，我会站在马路边，看着人来车往，从我身边一闪而过，每个人似乎都在为自己理想的生活而不停地奔波着。

在年轻人群体中，除了那些本身生活条件优越的人，大部分人都过着普通而平淡的生活。在互联网上，年薪百万的人似乎比比皆是。然而，在现实中，很多人的生活没有期待的那么富裕，还有很多人都只够温饱。

那么，如何能够赚到更多的钱？如何能够实现自己的财富自由之梦？这些问题几乎成了悬挂在很多人头顶上的星空，灿烂美丽的同时又只能远观。

然而，我想说的是，财富自由之路并非真的遥不可及，而是缺少一把打开财富之门的钥匙。就像古时的人，只能看着鸟儿在天空中自由飞翔，内心虽有渴望，但不知如何才能做到。

荀子曰："君子生非异也，善假于物也。"君子的取胜之道在于善于利用有利的条件和工具。

如今，人类已经进入互联网时代，这是一个世界潮流，我们能够获取的工具有很多。其实，这些工具并不难找，只是长年累月，被一些娱乐性的内容掩盖了。当然，这些工具也非传统意义上的实体工具，而是一种抽象的工具，比如一个人的思维以及一个人的认知。想要培养这些能力，并没有想象中那么困难。

我始终认为，财富自由首先是一个认知问题，而不是一个金钱问题。只要思维与认知跟上了，财富的到来就是自然而然且水到渠成的事。当然，想要实现这些，你就要去做事、去行动，而不是让大脑无意义地空转。

事做好了，钱自然就来了，这是很多已经获得了财富自由之人的观点。对此，我狠狠地给他们点了一个赞。

我知道，在通往财富自由之路上，你很着急。但我还是要劝你，这并非一蹴而就的事。不要将赚钱当成一个目标，而是将赚钱当成终生的状态。

生活中的许多人都在追求短暂的快乐与速成，在我看来，这就是捡了芝麻。唯有捡到一个又一个的西瓜，才能帮助你从容地过好这一生。在这个过程中，你千万不要灰心，因为大部分人都只会捡芝麻，而忘了捡西瓜。

罗伯特·清崎曾言："财富不是目标，而是一种生活方式。"

追逐目标，会让我们精疲力竭。如果将追逐目标当作一种生活方式，则会容易许多。

目　录

第一章　你离财富自由是近还是远？

第二章　那些“有毒”的财富观念

第三章 财富自由之前必须要走的路

第四章 让理财成为你的“左膀右臂”

第五章 活在当下是最好的财富自由

后 记

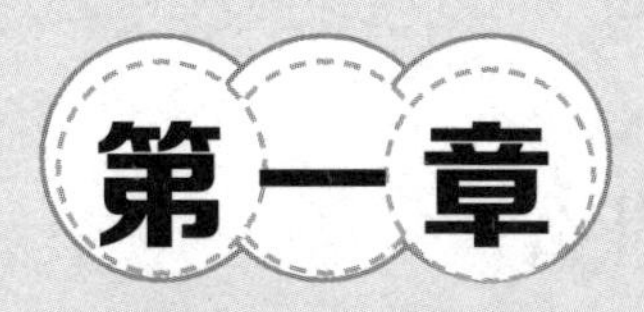

第一章

你离财富自由是近还是远？

财富自由是什么？

在几年前的一个晚上，我与一位朋友在小区附近的公园里相聚。那是一个宁静的夜晚，我们坐在公园的长椅上，手中拿着冰凉的啤酒，一边品味着酒的醇香，一边畅谈着生活中的点点滴滴。

那天的月亮特别明亮，仿佛是一个巨大的银盘挂在天空中。月光如水，轻轻地洒在我们身上。

就是在这样一个美好的时刻，我的朋友突然停下了手中的动作，转过头来看着我，眼神中透露出一丝渴望和无奈："要是我有花不完的钱就好了，我就再也不用受气了。"

他的话让我陷入了沉思。有花不完的钱？这是一个多么诱人的想法。但是，究竟多少才算是花不完呢？是几百万、几千万还是几个亿？这个数字对于每个人来说都有着不同的概念，但是对于大多数人来说，这可能只是一个遥不可及的梦想。

后来，我打了辆车送他回去。

我们坐在出租车的后座上，车窗外的夜景快速地倒退着，仿佛在回忆我们曾经的生活。

路上，他显得有些迷糊，眼神中透露出一种无法聚焦的迷茫。

他突然转过头来，用一种半梦半醒的语气对我说："我以后一定要实现财富自由。"

说完这句话后，他的身体开始不受控制地摇晃起来。不一会儿，他竟然打起了呼噜。他的呼噜声在车厢里回荡，而我一直回味他刚才的那番话。

第二天，我问他是否还记得昨晚说过的话，他告诉我，他记不清了，反正喝得很痛快，并与我约好了下次见面喝酒的时间。

然而，我对他那天晚上所说的话仍然记忆犹新，他提到了"财富自由"这四个字，对于我来说，它们似乎具有一种近乎魔法般的吸引力。

"财富自由"似乎离我并不遥远，但又感觉遥不可及。它离我很近，是因为我内心深处有着迫切的愿望去实现它。然而，它也离我很远，因为要实现财富自由并不容易，甚至可以说比唐僧取经还要困难。

许多人都渴望拥有财富自由，但是不知道如何去实现这个目标。有些人甚至对"财富自由"的概念存在误解。他们认为，财富自由只是简单地拥有大量的金钱和物质财富，而忽略了财富自由背后的真正含义。

其实，财富自由并不仅仅是拥有足够的金钱来满足自己的需求和欲望，更重要的是能够自主地支配自己的时间和生活。财富自由意味着我们不再受制于工作和金钱的压力，而是能够追求自己真正热爱的事业和兴趣。

简而言之，所谓的财富自由，并不是指拥有很多看上去花不完的钱，而是它背后隐藏的被动收入。如果一个人拥有足够的财务资源和被动收入（passive income）以满足其生活所需，并且不再需要依赖于工作或其他收入来源，那么他就算是财富自由了。

财富自由并不仅仅与金钱的数量相关，而且更关注于个人的经济独立性和自主性。被动收入是指那些不需要持续投入时间和精力就能获得的收入，例如投资收益、房地产租金、版权收入等。当一个人的被动收入能够覆盖其生活开销时，他就可以实现财富自由，不再受制于传统的工作模式。

财富自由也意味着有财务安全感，即一个人有足够的资金来应对生活中的各种突发情况。无论是健康问题、家庭问题，还是其他任何可能的危机，这种安全感源于一个人对未来的预见和准备，使他能够在面对困难时保持冷静和自信。

拥有财富自由意味着一个人可以自由选择自己感兴趣的事业或项目，而且不受经济压力的限制。他可以更加专注于追求自己的梦想和兴趣，而不仅仅是为了生计而工作。此外，财富自由还为个人提供了更多的时间和空间，让人们去享受生活、陪伴家人和朋友，以及追求个人成长和发展。

通常来说，财富自由包括以下几个方面：

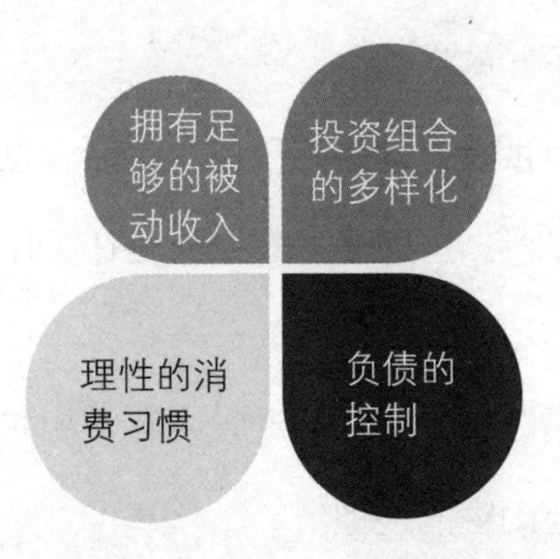

拥有足够的被动收入：被动收入是指那些不需要持续投入时间和精力就能获得的收入，例如投资收益、版权收入等。拥有足够的被动收入，可以让你有更多的时间和精力去做自己喜欢的事情，而不是被工作所束缚。

投资组合的多样化：投资是实现财富自由的重要途径，而投资组合的多样化可以降低风险，提高收益。通过投资股票、债券、房地产等多种资产，你可以获得更稳定的收益。

理性的消费习惯：理性消费是实现财富自由的重要手段。你需要学会区分需要和欲望，避免盲目地追求物质享受，而是将钱用在真正有价值的地方。

负债的控制：负债是财富自由的大敌，过多的负债会吞噬你的财富。因此，你需要学会控制负债，避免过度消费和借贷。

财富自由所带来的自由，并不是那种无拘无束、为所欲为的自由，也不是说只要有钱就可以随意挥霍、用金钱去解决一切问题的自由。实际上，财富自由带来的是一种内心的从容与安宁，它赋予我们一种能力，那就是在面对任何自己不喜欢的事情时，都能够毫不犹豫地说出“不”的自由。

正如我的那位朋友，他因为工作原因而一直受客户的气。尽管他内心感到非常难受，但每当他想到这是在工作、赚钱的时候，就只得吞下胸中的这口恶气。

因为现实非常无奈，他的被动收入几乎为零。如果他不再工作了，就会陷入坐吃山空的境地。

在我深入地理解了这个概念之后，我逐渐明白了，所谓财富自由，实际上是一种对自己生活的掌控能力，一种能够自主决定生活节奏的状态。财富自由并不是简单地享受“睡觉睡到自然醒，数钱数到手抽筋”的生活。

因此，如果我们想要尽可能地实现财富自由，就不能仅仅依靠做梦来实现。我们需要通过提升自己的认知水平，掌握正确的方法和策略，才能够真正地实现财富自由的目标。

实现财富自由需要很多钱吗？

顾名思义，在一般人的理解中，要想实现财富自由，其先决条件就是拥有很多的钱。殊不知，这些钱的被动收入足以覆盖一个人的日常开销。

我曾经的一位朋友跟我说，如果他现在有 200 万元存入银行，

银行的利息大概在 1%~3% 左右，以 2% 算，每年就会有 40000 元的利息，平均到每个月就是 3333 元。

他本身有一套房，不需要支付房租。对于一个物质欲望不高的人，一个月 3000 元也够生活了。

然而，人生之路并不是一帆风顺的，万一他生了病，去医院治疗，所有花费可能就要从本金的 200 万元中扣除。再遇上一些突发事件，那 200 万元随时都有可能会缩水。若是这样，他的被动收入就不能覆盖日常开销了。

他说，200 万元不够的话，那就 300 万元，甚至 400 万元。

似乎在他看来，只要钱越多，存入银行所获得的利息就越多，自己就能过得轻松自如，从而有机会实现财富自由。

后来，我向他表达了我的观点，告诉他如果真的持有这样的想法，那么我认为他可能一辈子都无法实现财富自由。

这并不是因为我说话尖酸刻薄，而是因为我知道一个人对财富自由的理解可以反映出他的认知和格局。如果一个人只关注财富自由中的“财富”这两个字，那么他的认知水平很可能不高，无论是他所接触的人群还是资源，都无法帮助他利用这些机会来实现财富自由。

在我看来，财富自由中的“自由”比“财富”更重要，也更具吸引力。实现财富自由的关键在于可以有效地管理和规划个人财务，包括积累财富、投资理财、控制开支和债务等方面。这不仅需要拥有大量的资金，还需要拥有理财智慧并掌握金钱管理的技巧。

此外，财富自由并不是一个具有明确数值定义的概念，也并不意味着某个人每年的总收入达到了一个特定的数额，或者他们的净资产在扣除负债后达到了一个具体的金额。相反，财富自由是一个持续的过程，涉及个人财务管理、投资策略和生活方式等多个方面。这个过程需要时间和努力，而不是一夜之间就能实现的。

让我们以小明作为例子。

小明并没有很多的初始资本，也就是说，他并没有一开始就拥有大量的财富。他的家庭条件一般，父母都是普通的工薪阶层，并没有给他留下太多的固定资产。

尽管小明的初始资本不多，但他有一份稳定的工作收入。这份工作虽然不能让他过上奢侈的生活，但足以维持基本的生活开销。

但是，小明也要实现财富自由。于是，我为他规划了可以增加自己资产和价值的三种手段。

实现财富自由，需要做好“三步走”

节流 → 稳住基本盘 → 寻找增长点

节流：控制开支，减少不必要的消费。

稳住基本盘：不要好高骛远，要将自己之前的工资和收入合理分配，不要让自己处于“吃紧”的状态。

寻找增长点：提升个人能力想办法让自己的钱生钱。

首先，控制开支，这是节流。

小明制订了一个详尽而周密的预算计划。他仔细分析了自己每月的收入和支出情况，并根据实际情况进行了合理的分配。他将收入分为不同的类别，如生活必需品、娱乐消费、教育投资等，并为每个类别设定了具体的金额限制。这样一来，他就能够更好地掌握自己的财务状况，避免因为过度消费而导致财务困境。

除了制订预算计划，小明还需要积极采取措施来避免不必要的消费。他深知奢侈品和过度消费只会给自己带来短暂的满足感，却无法为自己创造真正的财富。因此，他在购物时更加注重实用性和性价比，尽量避免盲目追求名牌和奢华品牌。他学会了理性消费，只购买自己真正需要的物品，而不是被广告和社交媒体所诱导。

其次，稳住基本盘。

小明每个月都会从自己的收入中拿出一部分进行储蓄，而不是全部用于消费。

小明将他的储蓄投资于各种理财产品和资产，他并不盲目追求高回报，而是选择了一些低风险的投资方式。例如，他会定期将一部分资金存入银行，选择定期存款这种相对稳定的投资方式。这样一来，他既可以保证资金的安全性，又可以获得一定的利息收入。

此外，小明也会购买一些股票，虽然股票的风险相对较高，但只要选择合适的公司并长期持有，就有可能获得丰厚的回报。他会根据公司的经营状况、行业前景等因素进行深入的研究和分析，然后做出合理的投资决策。

同时，小明也会投资一些基金。基金是一种集合了多种资产的投资工具，可以分散风险，提高收益的稳定性。他会根据自己的风险承受能力和投资目标，选择合适的基金产品。

最后，寻找“钱生钱”的增长点。

小明知道，仅仅拥有前面两步还不够，他还需要找到财富的增长点。很多人会认为，实现财富自由就是找到一个“钱生钱”的路子，其实他们只说对了一半。实际上，增长点要分成两个部分：一部分是“生钱”的增长点，另一部分是“提升个人能力”的增长点。

学习和提升能力是实现财富自由的重要途径。只有通过不断学习和提升自己的技能，才能增加自己在职场中的竞争力，从而获得更好的工作机会和更高的收入。此外，学习和提升能力也可以帮助个人发现新的商机和创业机会，从而开拓额外的收入来源。

因此，小明要想找到自己的增长点，他可能会选择参加培训课程、进修学习、自学或者参与行业交流活动，不断提升自己的专业知识和技能。他也可能会寻找导师，从他们那里获取指导和建议。通过持续学习和提升能力，小明可以不断适应市场的变化，增加自己的价值和竞争力。

对此，小明还可以尝试创业或者寻找副业。经过一番思考和市场调研，小明决定利用自己的兴趣和技能开设一家小型线上店铺。

于是，他花费了一些时间来学习电子商务的知识和技巧，并选择了一个适合自己产品的销售平台。他通过网络销售自己的产品，为自己带来了额外的收入。

小明的产品是他自己设计和制作的，具有独特的风格和高品质的材料。他通过社交媒体和网络广告来宣传自己的产品，吸引了一批忠实的顾客。

随着时间的推移，小明的线上店铺逐渐发展壮大。他不断改进产品的设计，提高产品质量，并与供应商建立了良好的合作关系。他还积极参加行业展览和交流活动，以扩大自己的业务网络。

通过创业和开展副业，小明不仅增加了额外的收入来源，还实现了自己的梦想和追求。我相信，假以时日，他就可以不再通过日复一日的工作来养活自己了。

你看，小明的每一步都是在朝着财富自由的方向努力，只要他走在通往财富自由之路上，就可以说他正处于财富自由之中。

这并不是一种阿 Q 精神，试想一下，现在有多少人认为只要有钱就能财富自由？又有多少人想要的“财富自由”只是一种做梦才有可能实现的生活？相比于这样想的人，上面例子中的小明不是更有可能实现目标吗？

哪些人更容易实现财富自由？

有一段时间，我经常向身边的人提出一个问题："如果你现在拥有花不完的钱，比如中了一笔巨额奖金，有一个亿甚至更多，你会选择做什么？"

有人回答说："如果我有这样的财富，我就可以不再工作了。每天随心所欲地睡到自然醒，然后出门逛街、玩耍，想去哪里就去哪里。"

还有人说："如果我中了这样的大奖，我会购买几套房产，以后就可以过上包租公的生活了。"

大部分人的答案无非都是围绕着"吃喝玩乐"展开的。然而，我遇到了一个人，他的回答引起了我的浓厚兴趣。他告诉我："如果我中奖了，我就可以去实现我的梦想了。"

我对这个回答感到好奇，便追问道："你的梦想是什么呢？"他沉思片刻后答道："我小时候一直梦想成为一名音乐家，但无奈家庭条件有限，也没有太多的机会去追求这个梦想。多年来，我一直没有忘记这个梦想，曾经以为只要自己毕业了，就可以开始追逐它，然而现实生活并不总是如我们所愿，我不得不依靠工作来养活自己。对于现在的我来说，追逐梦想似乎有些奢侈。”

虽然我不确定他目前有多少存款，以及有过什么投资规划，但就我目前所知，他对待工作极为认真，是一个勤勉的人。我相信，相比于那些比他更“有钱”的人，他能够实现财富自由目标的可能性会更大。

后来，我逐渐意识到，“如果你有花不完的钱，你会做什么”这个问题非常有意义。

我一直坚信，要实现财富自由这个目标，不能仅仅关注财富的多少。更重要的是，还要了解一个人的心智、思想、认知能力，以及价值观和人生观等，这一系列因素起着至关重要的作用。

首先，一个人心智的成熟度决定了他如何管理和运用财富，拥有花不完的钱并不意味着可以随意挥霍和浪费，而是需要具备理性思考和明智决策的能力。一个成熟的人懂得如何合理规划和管理自己的财务，才能实现长期的财务稳定和增长。

其次，一个人的思想观念对于财富自由的追求也至关重要。如果一个人只追求物质享受和短期利益，那么即使他拥有再多的财富，也无法获得真正的自由。相反，一个有远见和追求内心满足的人，会将财富视为实现自己梦想和帮助他人的手段，从而获得更大的幸福感和成就感。

再次，一个人的认知能力和知识储备也是实现财富自由的关键因素。只有通过不断学习和积累知识，才能更好地把握机会、理解变化，并做出明智的决策。一个具备广泛知识和深入洞察力的人，更容易在财富管理中取得成功。

最后，一个人的价值观和人生观对于财富自由的追求也有着重要影响。如果一个人只追求个人的物质享受和权力地位，那么即使拥有再多的财富，也无法获得内心的满足和真正的自由。相反，一个注重家庭、友情和社会公益的人会将财富用于造福他人和社会，从而实现更高层次的价值和意义。

后来，我也从很多朋友那里听说过一些故事，这些故事大都发生在他们的朋友身上。比如，有些人很有钱，可能是“富二代”，可能是“创一代”，也有可能是“拆迁户”。他们挥金如土，每天不是在外面潇洒，就是在潇洒的路上，似乎过着许多人梦寐以求的生活。

在很多人眼中，这些有钱人似乎已经处于财富自由阶段。这样的故事听多了，会让人产生一些错误的观念，比如认为财富自由主要就是靠家业或机遇。诚然，一个人的财富水平和这两个因素有着很强的相关性，但这种相关性并不代表因果关系。因为我也听到过许多将自己家里资产玩败的例子，以及因为一些飞来横祸而导致破产的情况。这样的人，顶多算是一个有钱的人，算不上财富自由者。

那么，究竟什么样的人才更容易实现财富自由呢？

我的答案是：那些有趣的人，那些具有独特魅力的人，那些不仅仅追求物质上的满足，而且还有其他非世俗追求的人，他们更有可能实现财富自由。这些人通常拥有丰富的内心世界，他们对生活有着不同寻常的热情和追求。

相反，如果一个人总是安于现状，对一些不公平、不平等的现象只是抱怨而不采取行动，对工作中的事情总是以非黑即白的视角对待，那么他可能很难实现财富自由。这样的人，一旦回到家中，就会沉迷于手机，用刷短视频的方式来消磨时间，或者用刷剧来打发无聊的时光。这样的生活态度和行为模式，很可能会导致他们无法积累足够的财富，更不用说实现财富自由了。

在这个世界上，实现财富自由的人，已经获得了足够的财富和被动收入，不必再为工作发愁。但是，他们难道只是沉迷于享乐之中吗?

显然不是，比如投资界的大佬巴菲特。他不仅是一位卓越的投资者，更是一位杰出的企业家。在他的职业生涯中，他以独到的投资眼光和经营哲学积累了巨额财富，达到了许多人梦寐以求的财富自由境界。然而，即使巴菲特已经拥有了足够的财富，也并没有立即选择退休享受悠闲的生活，而是依然活跃在投资领域，亲自掌舵伯克希尔·哈撒韦公司，继续他的投资旅程。

一直以来，巴菲特的投资策略都以长期持有和价值投资为核心，他坚信于寻找那些具有长期增长潜力和稳定盈利能力的企业。他不追求短期的市场波动带来的利润，而是专注于企业的基本面和内在价值。这种耐心和远见使得他能够在复杂多变的股市中稳健前行，取得了令人瞩目的成就。

除了在投资领域的成就，巴菲特还以其慷慨分享的精神而受到许多人的尊敬。无论是公开演讲还是通过媒体，他经常在各种场合分享自己的投资哲学和丰富经验。对于广大投资者来说，这些宝贵的知识和智慧是无价的财富，使他们能够更好地理解市场，规避风险，从而在投资的道路上走得更远。

再比如，微软公司的联合创始人之一比尔·盖茨，他不仅在技术领域取得了巨大的成功，而且在很年轻的时候便积累了巨额财富，成为全球知名的亿万富翁。然而，与巴菲特相似的是，尽管比尔·盖茨早已达到了许多人梦寐以求的财富自由境界，但他并没有选择悠然退休、享受闲适的生活。相反，他将自己的生活重心转移到了慈善事业上，以此来回馈社会。

比尔·盖茨曾与他的前妻梅琳达共同成立了比尔和梅琳达·盖茨基金会，这是一个致力于解决全球性挑战的慈善机构。他们的工作重点包括贫困问题、教育不平等，以及全球健康危机等关键领域。这对夫妇不仅投入了大量的个人时间和经济资源，而且还积极寻求与其他慈善组织、非政府组织以及各国政府的合作，以实现更广泛的影响力和社会变革。

对自己所从事的事业充满热情和兴趣，享受工作带来的挑战和成就感。

通过工作可以实现个人价值和影响力，对社会作出积极的贡献。

工作是他们实现自我成长和持续学习的途径，他们享受不断学习和进步的过程。

工作可以提供与他人合作和交流的机会，满足社交和人际关系的需求。

比尔和梅琳达·盖茨基金会推动了多项创新项目和倡议，旨在改善全球贫困地区的生活条件，提高教育质量，以及保障人们的健康。他们的努力不仅为那些最需要帮助的人群带来了希望，也为全球慈善事业树立了新的标杆。

像这样的人还有很多，比如亚马逊公司的创始人之一杰夫·贝索斯、著名的电视主持人奥普拉·温弗瑞、微软公司的首席执行官萨提亚·纳德拉等。他们无一例外，已经获得了普通人望尘莫及的财富与地位，但是他们在实现了财富自由之后，并没有选择安逸的退休生活，而是继续在各自的领域内努力工作，不断追求更高的目标。他们的精神和行动证明，即使在达到事业的顶峰之后，仍然可以有所作为，继续为社会作贡献。

如果你对财富自由的理解是再也不用做事了，可以享受生活了，那么你可能连跨入财富自由的机会都没有。因为财富自由的实现需要更深入的理解和规划，包括有效的财务管理、长远的规划和个人生活态度的调整。只有这样，你才能真正享受到财富自由带来的自由和满足。

你在上班，还是在浪费时间？

在过去的几年里，有一个词语如同野火般迅速蔓延，成为人们讨论的焦点，那就是“精致的利己主义者”。这个词汇描述的是这样一类人，他们在任何工作环境中都能够极力避免吃亏，他们的行为模式和工作态度全都从“自己”出发，就像心里装了一杆秤，总在算计着自己是吃亏了还是占了便宜。

在职场中，这些人的表现可以用几个关键词来概括：准时、界限分明、精打细算。他们会精确地计算自己的工作时间，确保自己能够按时到达工作岗位，一旦到了规定的下班时间，他们便会毫不犹豫地离开，决不多留一分钟。他们对于工作的投入有着明确的界限，只要是超出了他们认为的职责范围的任务，他们就会选择忽视，不愿意多付出一分努力。

此外，这些所谓的“精致的利己主义者”还有一句经常挂在嘴边的话：“只给我这么点儿钱，我就做这么点儿事，不然就亏了。”这句话反映了他们对待工作的态度：一切以个人利益为中心，他们会根据自己获得的报酬来决定自己的工作投入。如果认为得到的报酬不够多，他们就不愿意做出更多的工作。

后来，大家又发明了诸如“带薪吃早餐”“带薪上厕所”，以及“带薪摸鱼”等名词。

诚然，在这个大环境中，员工与老板之间的关系似乎越来越对立。我不否认会有一些“就算付出了努力，做再多工作，老板看见了也当没看见，还会觉得一切都是理所当然”的情况出现。但是归根到底，你要问问自己，工作究竟是为了谁？

有些人可能会说，我出来工作就是为了赚钱，不为了钱谁出来工作？

如果你真的这么想，格局未免小了点儿。而且，你不觉得这样

想是在轻视自己吗？你的宝贵生命难道每天都用在与老板“斗智斗勇”的地方吗？难道你认为“带薪摸鱼”只会给老板造成损失，自己不吃亏吗？

我认为，工作的目的是尽可能充实自己，并不断寻找更多的可能性，最终实现自由。这里的自由不仅仅是指财富自由，更是指精神上的自由。

也许你现在的工作环境很糟糕，你在这家公司也没有太大的发展前景。但是，请问一下自己，你愿意将自己的青春与岁月都浪费在没有意义的事情上吗？

曾经有一天晚上，我问过自己一个问题：“假如再过十年，你被裁员了，你去面试一家新公司，你的简历上增加了十年的工作经验，你希望这十年的工作经验只是将同样的事情重复做了十年吗？”

这样一想，我才发现，很多时候，虽然自己在工作，但其实是在浪费生命。

这就意味着，无论做任何事都要过脑子，否则就是在重复工作、浪费时间。

我之前所在的公司，有些员工被分配去完成一项需要他们输入数据的任务。然而，他们并没有去理解这些数据的含义，也没有尝试去寻找可能的错误或不一致之处，而只是简单地按照指示进行操作。他们不会去思考如何改进这个过程，也不会去寻找提高效率的方法。他们只是日复一日、年复一年地做着同样的任务，没有任何改变。

我们一般将那些已经实现财富自由的人或坚持努力实现财富自由的人称为“牛人”。在近几年的观察中，我发现，牛人与普通人对工作的理解是全然不同的。

牛人对工作的理解：

牛人通常对自己的工作有着更高的追求和要求，他们追求卓越和完美，并且不满足于平庸的表现。

牛人对工作有更深入的理解和洞察力，他们能够看到问题的本质和潜在的机会，从而提出创新的解决方案。

牛人对工作有更强的责任感和使命感，他们愿意承担更多的责任和挑战，追求更大的成就和影响力。

牛人通常具备更高的专业知识和技能，他们不断学习和提升自己，以保持竞争力和领先地位。

普通人对工作的理解：

普通人可能更注重工作的稳定性和安全性，他们希望通过工作获得稳定的收入和生活保障。

普通人可能更注重工作与生活的平衡，他们希望有足够的时间和精力去照顾家庭和追求自己的兴趣爱好。

普通人可能更注重工作的实用性和经济效益，他们希望通过工作获得一定的经济回报和社会地位。

普通人可能更注重工作的可靠性，他们希望能够在一个相对稳定和可靠的工作环境中工作。

不难看出，其中最具典型的差异是，牛人不仅仅将工作视为一种谋生手段，而是将其看作是实现个人价值、追求激情和成就自我的平台。他们在工作中寻找挑战，不断地突破自己的极限，以此来获得成长和满足感。相反，普通人可能更多地将工作看作是一种必须完成的任务，也是一种为了赚取生活费用而不得不做的劳动。

这种对工作的不同理解，不仅影响了牛人和普通人的工作态度，也在很大程度上决定了他们的工作成果和职业发展路径。牛人因为对工作的热爱和投入，往往能够在工作中取得更加卓越的成就，而这种成就又反过来促进了他们财富自由的实现。普通人可能因为缺乏对工作的热情和深入的理解，而难以在工作中达到同样的高度，这也可能成为他们实现财富自由道路上的一大障碍。

因此，你有必要重新回顾一下你的工作，并思考如下几个问题：

如果你深信目前的工作让你感到心满意足，你不仅愿意为之投入更多的精力和时间，还愿意在没有额外报酬的情况下去做一些超出常规的工作，那么我真心地向你表示祝贺。这意味着你已经找到了一份非常适合自己的工作，这份工作不仅能够带给你满足感，还能够激发你的工作热情。你对工作的这种积极态度和主动思考的能力是非常宝贵的，这将是你职业发展中的一大优势。

与此同时，只要你能够合理地规划自己的未来，保持这种积极进取的心态，你就会发现，面前有无数的机遇等待着你去把握。你的这种敬业精神和对工作的热爱将会成为你职业生涯中最亮丽的名片。随着时间的推移，你会发现，只要坚持不懈，你的努力和付出终将得到丰厚的回报。无论是在经济收入上还是在个人成长和职业发展上，你都有望达到一个新的高度。相反，如果你将工作仅视为一种获取微薄报酬的手段，认为人生的终极目标在于能够彻底摆脱工作的束缚，那么你对工作的态度可能会显得急功近利。

在这种情况下，当工作中出现一些与你的常规职责不相关的任务时，即使你勉强自己去完成这项工作，你的内心也难以感受到真正的快乐和满足。此时，如果有另一家公司愿意提供比你现在的职位稍高的薪酬，你就很可能会立刻选择跳槽，而不会对当前的工作环境或职业发展产生太多的留恋。

如果目前的你正处于这种状态，那么我必须要告诉你，这种对待工作的态度可能会导致你在财务上陷入一个不利的循环。即使你有幸中了彩票，获得了一笔意外之财，如果你没有改变对金钱和工作的看法，就很可能会在不久的将来将这些钱财挥霍一空。因为财富的真正积累不仅仅是数字的增加，更是一种理财智慧和生活态度的体现。

如果你继续保持目前的心态和行为模式，那么无论你的收入有多高，财富自由的梦想都可能始终与你保持一定的距离。因为财富自由不仅仅是拥有足够的金钱，更是一种能够让你从内心感到满足和快乐的生活方式。

如果你对现在的工作不满意，不妨找个时间静下心来，好好复盘一下自己，是要换一份工作还是调整自己对现有工作的认知。需要提醒你的是，千万不要将时间浪费在一些重复且无聊的事情上，哪怕你天天都带薪上厕所，最终吃亏的也将是你自己，而不会是那个你看不顺眼的老板。

就像我一直认为的，财富自由并不仅仅是一种财富概念，更是一种认知。拥有什么样的认知，就会在未来拥有什么样的财富。

在这一方面，老天永远是公平的。

你如何度过你的闲暇时间？

曾经有一段话流传甚广，它提到无论是谁，上天都会给予一天24小时的时间，这被认为是每个人都应该享有的平等待遇。

然而，这24小时的时间如何分配，能够决定一个人的未来。一般来说，一个人的一天可以被划分为三部分。其中，8小时被用来睡觉和休息，这是为了恢复体力和精力，以便更好地面对第二天的挑战。另外8小时则被用来工作或学习，这是为了实现自我价值，也是为了满足生活的物质需求。

剩下的8小时是完全属于自己的闲暇时间。在这段时间里，你可以自由支配，用来做任何你想做的事情。这或许就是人与人之间的差距所在，因为在这8小时内，你选择做什么，未来你就会成为什么样的人。

一开始看到这段话时，我觉得挺有道理的。然而，当我真正进入社会之后，才发现这段话的确存在一些问题。因为我除了上班之外，还有加班的时间。很显然，我们忽略了加班的时间，因为加班已经成为大多数人工作或生活中不可或缺的一部分。这就意味着，很多人不得不牺牲自己的个人时间来应对工作上的需求。

当然，除了加班之外，每个人或多或少都会有一些可以自己支配的闲暇时间。但即便如此，这段时间也可能会被其他事情占据，比如家庭责任、社交活动或者其他紧急情况。虽然有一部分时间是可以自由支配的，但实际上并不那么自由。

因此，要想真正实现自己的梦想和财富目标，我们需要更加珍惜和合理利用每一刻的时间，努力平衡好工作、生活和个人发展之间的关系。

我为什么要那么累?

有些朋友可能会问，我上班已经够辛苦的了，为什么下班了还不能放松一下？下班之后，不就是人们的娱乐时间吗？

产生这样的疑问很正常，更何况，下班之后该怎么过，这本来就是个人选择的问题，是每个人的自由。

我们先来看两个例子。

余大柱和余小柱是各方面情况差不多的两个人，家庭背景与毕业院系也相差不大。

毕业之后，余大柱和余小柱在条件差不多的公司工作，两个人的工作性质也差不多，有时也需要加班。

在不加班的时候，余大柱回到家会先休息一会儿，然后利用闲暇时间看看书，学习编程。因为不知从何时起，他对编程产生了兴趣。同时他也认为，在未来的世界，编程这项技术将会成为每个人的基本功。于是，他不断地学习编程，从他人的成功与失败中吸取经验。到了周末，余大柱偶尔会和朋友出去聚会，在聚会的时候，他总是全身心投入。他深知，有些朋友就是用来交流感情的。对于有困难的朋友，他会尽最大的努力去帮助。有时，他还会参加一些社交活动，不过每一次出去之前，他都很清楚自己的目的，他不会因为内心喜欢某个人就特别亲近谁，也不会因为内心厌恶某个人就特别疏远谁。他知道，有些人只是和自己合不来，但他们身上也有着各自的亮点，值得去学习、合作。

反观余小柱，他经常会陷入对未来的思考之中，他的想法多于行动。他总是会被一些有趣好玩的事情吸引，喜欢看电影、追剧。每看完一部电影，他都会在网上写影评，但若是有人提出跟他不一样的看法，他总是坚持自己的观点，并固执地认为对方根本就没有看懂这部电影。余小柱喜欢交朋友，且热衷于参加各种娱乐活动。在他看来，快乐才是这个世界上最值得追寻的东西。遇到和自己观点一致的人，余小柱就会把他当作朋友；遇到和自己观点相反的人，余小柱就会觉得对方不可理喻，并因此而疏远他。每当身边的朋友劝余小柱去学一门新技能，他就认为自己已经离开了校园，没必要花时间和精力去学一些在他看来没有用的东西。

你认为余大柱和余小柱两个人，谁在未来更有可能获得财富自由呢？

答案不言而喻，余大柱的未来更有希望。

当然，也并不是说余小柱的生活态度就是错误的。因为每个人都有各自的生活，也有自己的喜好与想法。但如果余小柱一直安于

现状，对于财富没有过多的追求，自然不会拥有获得财富自由的机会。因为财富自由并不仅仅是金钱问题，而是一个认知问题。那些安于现状且总是躲在舒适区里的人，他们在认知上得不到突破，就更不可能获得财富自由。

毕竟走出自己的舒适区，本身就不是一件容易的事。

下班之后，你肯定不想把自己搞得那么累。下班了，没有人逼迫你去学习、工作，也没有人强制性地要求你去开阔自己的思维。

一切都得看你自己。

要知道，财富自由并不是靠躺着就可以获得，至少在前期，当你要转动第一个飞轮的时候，可能所需要的力气要比想象中大得多。

但我要告诉你，一切都是值得的。

现在不躺着，只是为了财富自由之后可以踏踏实实地躺着。而且，当你真正走上财富自由之路后，你也不会总是躺着。因为想要实现财富自由，通常需要付出艰苦的努力和不懈的奋斗。

被偷走的“时间”去哪儿了？

你是否已经注意到，时间总是在我们稍不注意的瞬间，悄无声息地从我们身边溜走。当我们回顾过去，会惊讶地发现，时间就像被偷走了一样，消失得无影无踪。我们可能会心生疑惑：自己究竟做了什么，为何时间就这样没了呢？

然而，你真的什么都没做吗？

你下班后便打开了短视频软件，刷了几个视频后又打开了微信，浏览了一会儿朋友圈。接着，你又被游戏吸引，不自觉地沉浸其中。

这时，你的手机电量已经不足 20%。正当你寻找手机充电线的时候，你看了一眼时间，发现 4 个小时已经过去了。

一项由英国研究机构进行的研究结果显示，在现代社会中，人们对于手机的依赖程度已经达到了一个惊人的水平。具体来说，调查发现平均每个人每天使用手机的次数达到 253 次，如果将这一数字转化为时间，相当于人们每天都要在手机上花费超过 2 个小时的时间。

在中国，这种对手机的使用情况似乎更为普遍和频繁。研究数据显示，中国人使用手机的时间长度是英国人的 2 到 3 倍。网络数据分析揭示了中国人人均每天在手机上花费的时间接近 6 个小时。在这 6 个小时中，有近四成的时间被用于观看短视频。

这些数据表明，你的时间就是在不知不觉中被偷走的，财富自由也是以这样的方式离你越来越远。

你是否曾经想过，一部小小的手机，究竟有什么魔力可以将我们的注意力都吸引走呢?

首先，手机上的各种应用和社交媒体平台提供了大量的娱乐信息，吸引我们不断地浏览和点击。我们可能会花费很多时间在社交媒体上查看朋友圈、浏览新闻、观看短视频等，这些活动会让我们陷入无尽的滑动和点击中，在不知不觉中消耗了大量的时间。

其次，手机具有便携性和随时联网的特点，使得我们可以随时随地使用它。无论是在公交车上还是在商场里，我们都可以拿出手机进行娱乐和消遣。这种便利性使得我们更容易陷入刷手机的习惯，不断地打开手机查看消息、回复信息、玩游戏等，从而耗费了大量的时间。

此外，手机上的应用和游戏也设计得非常吸引人，采用了各种心理激励机制，如奖励机制、社交互动等，让我们产生了强烈的使用欲望和成就感。这些设计使得我们很难抵制手机的诱惑，不断地投入时间和精力。

更值得我们注意的是，使用手机还可能导致我们注意力的分散和专注力的降低。因为频繁地切换应用、浏览信息和接收通知，会在无形中打断我们的思维和工作流程，使我们难以集中精力完成任务。这种分散注意力的现象进一步延长了我们使用手机的时间。

现在的你，知道那些被偷走的“时间”去哪儿了吗？既然时间都被偷走了，又何来财富自由呢？因此，当我们意识到时间被浪费时，就应该反思自己的时间管理方式，学会将时间用于更有意义的事情，从而逐步实现财富自由。

你设定过财务目标吗？

企业有企业的财务目标，对于个人来讲，亦是如此。

有些人并不追求物质上的富裕，也不渴望名声和财富，只希望可以过上一种简单、平静的生活。有时甚至会质疑，财务目标是否真的有必要。殊不知，这种看法忽略了一个基本的事实：金钱是现代生活的基石，无论你对金钱的态度如何、欲望如何，生活中总需要一些日常开销。

首先，我们必须认识到，即使是最基本的生活需求，如食物、住所和医疗保健等，都需要金钱来支撑，这些是每个人都无法回避的开销。因此，即使你没有追求财富的愿望，仍然需要足够的资金来维持这些基本的生活条件。

其次，设定财务目标并不仅仅是为了追求财富，更是一种规划未来、确保经济安全的方式。通过设定财务目标，你可以计划如何管理你的收入和支出，确保你能够应对未来的不确定性，如意外的医疗费用、家庭紧急情况或退休生活等。

再者，财务目标还可以帮助你建立储蓄和投资的习惯，这些习惯将为你的未来提供更多的选择和机会。例如，通过储蓄和投资，你可以为子女的教育、自己的退休或其他长期目标积累资金。

最后，即使你不追求奢华的生活方式，合理的财务目标也可以帮助你实现个人的价值和生活目标。它可以使你有能力支持你所关心的事业，享受你喜欢的活动，或者给予家人更好的生活条件。

虽然财务目标的设定因人而异，但大体上要考虑以下三个方面：

第一，我们需要详细记录并分析每个月的收入来源，包括但不限于工资、奖金、兼职收入或其他任何形式的现金流入。同时，我们还要对自己每个月的支出进行分类和总结，包括那些固定的支出项目，如房租、按揭、水电费、通讯费、保险费用等，这些都是我们每个月必须支付的费用。

第二，我们需要关注那些可变的支出，如日常生活用品的购买、社交消费、娱乐活动支出、旅行费用等，这些支出可能会根据我们的生活习惯和消费选择而有所变动。因此，了解这些可变支出有助于我们更好地控制和调整自己的消费行为。

通过对每月收入和支出的详细记录和分析，我们可以清晰地了解自己的财务状况，知道自己每个月能够存下多少钱，以及我们的支出是否超出了预算。这样的财务自我审视不仅帮助我们认识到自己的经济能力，也能更有效地管理个人财务，确保财务安全，为未来的大型支出或紧急情况做好准备。

第三，我们要制订属于自己的财务目标。在这个过程中，重要的是要区分并明确自己的长期和短期目标。这些目标可能包括购买房产、进行投资理财，以及为退休生活做准备等。

首先，你需要对自己的财务状况进行全面的审视，了解自己的收入、支出、债务以及储蓄情况。一旦你对个人的财务状况有了清晰的了解，下一步就是将这些目标具体化。如果你的目标是购买房产，你需要研究市场，了解你所在地区的房价，并计算出你需要多少首付。

其次，你可以设定一个具体的储蓄计划，比如每月存下一定数额的资金，以期在预定的时间内达到购房的目标。同样的，如果你的目标是进行投资理财，你应该先对不同的投资渠道进行研究，比如股票、债券、基金或者其他金融产品。了解每种投资的风险和回报后，你可以设定一个合理的投资计划，确保你的投资组合既能带来稳定的收益，又不会超出你的风险承受能力。

对于养老规划，这是一个长期的财务目标。你可能需要考虑养老金、社会保障福利，以及其他可能的退休收入来源。你需要评估预计的退休生活费用，并据此设定一个储蓄和投资计划，确保你在退休后能够维持希望的生活水准。

将这些目标写下来是一个关键步骤，因为它不仅帮助你清晰地看到自己的目标，而且还能让你定期回顾和调整计划。确保你的目标是具体、可衡量和可实现的，这样你就可以设定明确的时间表和里程碑，以便跟踪进度并在必要时进行调整。

最后，在制订财务目标的时候，一定要可视化。比如，“我要赚很多钱”，这就是一个模糊的目标，并不会对你有任何帮助。因此，我们一定要有一个清晰的量化标准，比如“我希望在 50 岁时税后收入达到每年 40 万元人民币（经通货膨胀调整），这才是一个符合实际的目标。

一般来讲，在制订财务目标的时候，需要遵循“SMART 目标”原则。

SMART 目标是一种广泛应用于个人和团队目标设定的框架，它的首字母缩写代表五个关键特征：具体性（Specific）、可衡量性（Measurable）、可实现性（Attainable）、与现实相符（Realistic）和有时限（Time-bound）。这些特征共同构成了一个高效、实用的目标设定方法，帮助人们以清晰、有序的方式规划和实现他们的目标。

具体性（Specific）意味着目标需要准确无误，不能含糊其词。一个好的 SMART 目标，应当清楚地指出想要实现的是什么，为什么要实现这个目标以及可能需要采取哪些行动。所以，目标并不是简单地说“我想要赚钱”，一个具体的目标应该是“我计划在下一年通过完成额外的目标，提高 10% 的收入”。

可衡量性（Measurable）要求目标是可以通过一些量化的指标来追踪进度的。这意味着你需要用数字或者其他明确的标准来衡量目标的完成情况。“增加 10% 的收入”就是一个可衡量的目标，因为收入是一个可以量化的指标，这远比“我要提高收入”更可行，也更切合实际。

可实现性（Attainable）强调目标应该是挑战性的，但也要确保它是可以实现的。目标应该既有激励作用，又不过于遥不可及，导致动力丧失。例如，如果历史数据显示平均的收入增长只有 6%，那么设定一个增长 10% 的目标可能既有挑战性，又具可行性。

与现实相符（Realistic）意味着在设定目标时，需要考虑所有相关的限制因素，如资源、时间、技能和其他可能的障碍。目标应该是基于当前的实际情况和真实环境的，而不是基于不切实际的期望。如果你只是空想“提高 10% 的收入”，那就是与现实不符的，你需要清楚你手中有什么资源。比如，我是一个写作者，那么我提出希望下一年的收入提高 10% 的目标时，就有很多途径供自己选择。或许我可以去一家报社投稿，或者去一个网站上写专栏，这都需要我拿出符合这些要求的标准。

有时限（Time-bound）是指目标应该有明确的截止日期或时间框架。这有助于创建紧迫感，促使行动，并防止目标被无限期地推迟。例如，“在下一年结束前提高收入的 10%”，就设定了一个明确的时间限制。

财务目标的制订离不开制订预算。在预算的制订过程中，你需要将收入分配到各种支出和储蓄项目中。这些项目可能包括日常生活的基本开销、娱乐消费、紧急基金的建立、退休储蓄、投资以及债务偿还等。每一项支出都应该根据你的财务状况和目标进行仔细考量，以确保资金的有效利用。

为了更好地管理财务，你可以采用“50-30-20”的预算分配方法。这种方法建议将你的月收入分为三个部分：50% 用于满足基本需求，如住房、食物、交通和其他必需品等；30% 用于非必需但你想要的事物，如娱乐、旅游或购买新物品等；剩下的 20% 则用于储蓄、投资或偿还债务等。这种分配方式有助于平衡当前的生活质量，保障未来的财务安全。

维持财务健康的关键是确保每月的支出不超过收入。这就要求你定期检查预算计划，并根据实际收入和支出情况进行调整。如果你发现支出超出了预算，就需要重新评估支出优先级，削减不必要的开销，或者寻找增加收入的途径。

通过精心制订和遵守预算计划，你将能够更好地控制财务状况，逐步实现你的财务目标。无论是建立紧急基金、储备退休金、投资增值还是减少债务负担，需要你记住的是，合理的预算才是你通往财务自由的坚实基石。毕竟财务目标不是一成不变的，而应该根据现实情况的变动而做出相应的调整。

那些“有毒”的财富观念

何以解忧，唯有暴富

当今社会，我们不难发现一种现象：不少人喜欢频繁地重复这句话：“何以解忧，唯有暴富。”这句话似乎成了他们生活中的口头禅，甚至被一些人当作自己的人生座右铭。

他们坚信，只有迅速积累财富，才能解决生活中的所有烦恼和问题。然而，这种观念实际上是建立在错误的前提之上的，它不仅不能帮助人们解决问题，反而可能会对人们的心理健康和社会价值观产生负面影响，成为一种“有毒”的思维模式。

现实中，大多数人总是将“暴富”视为解决一切问题的密钥。殊不知，这是一种对生活的简化和误解。这种思维方式忽略了个人成长、精神追求和情感丰富等多方面的价值，很容易导致人们过度追求金钱，从而忽视了生活中更为关键的幸福因素。

此外，这种单一的成功标准还可能引发不健康的比较心态和攀比心理，使人们在物质追求的道路上陷入无尽的焦虑和不满。

“一夜暴富”可能吗？

首先，我们来谈谈“一夜暴富”的可能性。很多人可能会问：

一夜暴富真的可能吗？实际上，一夜暴富并非完全不可能，采取一定手段也是可以达成的。

举个例子，购买彩票就是一种可能让人一夜之间变富的方式。虽然中奖的概率非常低，但确实有少数人通过购买彩票赢得了巨额奖金，从而一夜之间改变了自己的命运。此外，继承巨额遗产也是另一种可能让人一夜暴富的途径。如果你幸运地成为某个富有家族的成员，或者有一位慷慨的亲戚在遗嘱中留下了大笔财富，那么你也有可能一夜之间成为百万富翁。

当然，对于大多数人来说，上述两种方式可能并不现实。那么，还有其他方法可以实现一夜暴富吗？你可以尝试给全球的富豪打电话，请求他们以个人名义向你捐款。假设你有三寸不烂之舌，能说服 10 位富豪，让他们每人给你捐 100 万元，那么你就能获得 1000 万元。对于一个普通人来说，这笔钱足以让他们过上舒适的生活。

此时的你看到这些，可能会觉得这个想法极其荒谬可笑，认为这种事情根本不可能发生。然而，请允许我指出，最初提出这个问题的人就是在跟你开玩笑。因为“一夜暴富”这个概念本身就带有一定的戏谑成分，它让人们幻想着通过某种意外的方式迅速改变自己的命运。

在现实生活中，人们总是梦想着能够突然之间发笔横财，摆脱经济困境，过上富裕的生活。然而，这样的梦想是否真的能够实现呢？在这个充满不确定性的世界里，虽然有一些人通过彩票、遗产继承、投资或是其他意外的机遇一夜之间改变了自己的财务状况，但是这种情况发生的概率极低，可以说是凤毛麟角。

当我们谈论一夜暴富的可能性时，我们必须清醒地认识到，这并不是一个普遍的现实，而是一种遥不可及的梦想。因此，在大多数情况下，财富的积累是一个缓慢而稳定的过程，需要智慧的投资、辛勤的工作，以及良好的财务规划。

“一夜暴富”的危害性在哪儿？

我一直认为，财富自由不仅是一个认知问题，也是一个金钱问题。

对此，有的朋友可能会问，虽然我知道一夜暴富不可能，但有时候想一想，也没什么问题吧？相关研究表明，适当做做“白日梦”，也有助于身心健康。

我的一位朋友家里有一个50多岁的亲戚。不知从哪一天开始，这个亲戚开始沉迷于买保健品。自从吃了保健品之后，他的想法都变了很多。比如，以前的他是一个理性的人，但是自从接触了保健品，他的理性就好像被偷走了似的，整个人看起来都有点儿奇怪。他开始相信一些超自然的力量，认为人体的一切疾病都可以通过保健品来治疗，并不需要去医院。他认为，病人花了巨额的医药费，最终都是一场空。

我朋友觉得很无奈，后来逐渐和这个亲戚疏远了。

几年后，我朋友的那位亲戚因病去世了。就是因为他过于相信保健品而错过了最佳的就诊时间，等家人将他送到医院时，已经无力回天了。

不知大家是否已经发现，相对于你做了什么，你的头脑中被装入的一些错误的观念更加可怕，这些错误的观念会改变你的思维与三观，并长期主导你的行为。

所以一直以来，我都认可这样一种说法：我们的头脑容量有限，只能装入一定量的东西。如果你将一些错误且“有毒”的观念塞入了头脑中，就很可能会将原本正确的观念给挤出来。

我曾经认识一个人，他总是喜欢开玩笑，甚至说一些大话，比如随口承诺，但承诺之后又做不到。事后有人问他时，他便以当初是在开玩笑为由搪塞过去。久而久之，大家也都知道他有这样的“臭毛病”，对他的话也就不再当真了。由于他平时是一个热心肠，只要朋友有困难，他总是尽可能去帮助，所以尽管这样，大家也都还愿意和他做朋友。

虽然我这位朋友手上有“人品好”这张好牌，但是时间久了，他的好牌就会被“说大话”这张烂牌所掩盖。我曾经劝他不要再说大话，神奇的是，他也知道自己在说大话，但他认为那只不过是说说，说说又没事，反正大家也不会当真。

很显然，他的这种想法也是一种“有毒”的思想，而且这种想法会在不知不觉中渗进他的行为中，成为他的行为模式。

我非常喜欢英国前首相撒切尔夫人，因为有“铁娘子”之称的她曾说过一段十分精辟的话：

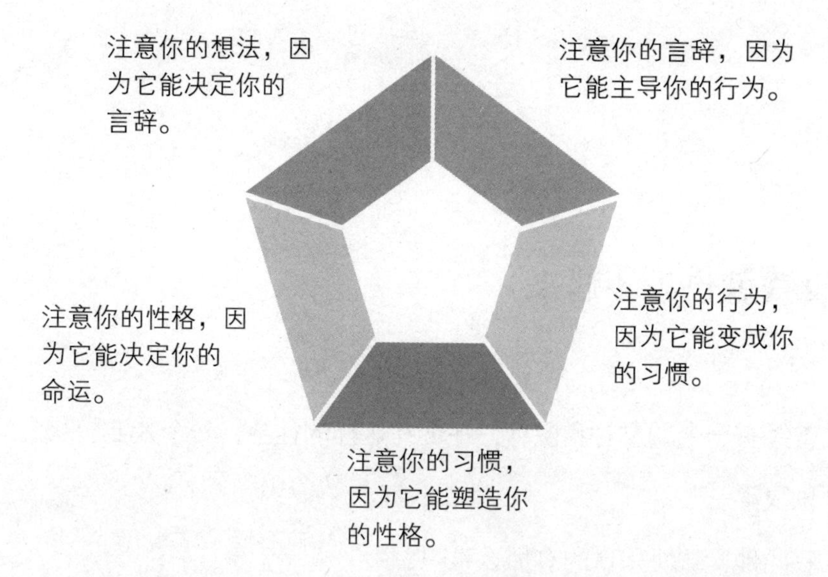

从很大程度上说，一个人现在的遇事反应和行为逻辑是由他早年的认知模式所决定的。同样的，一个人现在的认知模式也会决定他的将来。很多时候，我们作为当事人身在局中并不知晓，并理所当然地认为一切都没事。

因此，“一夜暴富”的危害并不只是其表面的影响，而是由于这四个字所带来的一系列想法，会在潜移默化中塑造你的性格与认知模式。

再者，难道真的实现一夜暴富，就能解忧吗？当然不是，要想真正摆脱忧虑，需要从内心深处找到平衡和满足，建立健康的人际关系，并追求生活真正的意义和价值。

没钱就快乐不起来

曾经有一个朋友对我说："在现在这样的社会，一个人要想获得快乐很难。"

我问他："快乐真的有那么难吗？"

我认为，快乐是一种人们的主观感受。对于大多数人来讲，虽然快乐的感觉因人而异，但总体看来并非遥不可及。比如，看到一本精彩绝伦的书，吃到一顿绝妙的美食，抑或和朋友促膝长谈，都能获得快乐。

从进化心理学的角度来看，快乐的基因就在我们每个人的身体内。根据进化心理学的理论，人类的行为和心理特征是通过基因传递的，这些基因在进化过程中逐渐形成并得以保留。快乐感受与多巴胺等神经递质有关，而多巴胺受体基因（如 DRD4 基因）的表达与快乐感受密切相关。DRD4 基因的表达可以帮助多巴胺与受体结合，传递出快乐的感觉。

谁料，我朋友却说："没有钱，怎么快乐得起来呀？"

我这才意识到，朋友一直以为只要有足够多的钱，就能让自己快乐起来。我发现，身边的很多人都有这样的想法。如果说"一夜暴富”的思想具有危害性，会改变一个人的认知与行为，那么比这更可怕的是相信只有“一夜暴富”才能解忧。

我始终相信，一个人在没钱的时候快乐不起来，那么即使将来他拥有了丰厚的财富，内心也很难真正体会到快乐。这是因为他将快乐的来源寄托在了肉眼可见的物质条件之上，而这样的物质基础实际上是非常不稳定的。当一个人的幸福感完全依赖于物质时，他们的心态就会变得异常敏感和脆弱。

更严重的是，持有这种观念的人，一旦遭遇生活中的重大挫折，例如投资失败、财产损失或是其他导致一次性巨额经济损失的事件，他们很可能会陷入深深的沮丧之中。在这种情况下，不仅难以恢复往日的活力和乐观，甚至有可能因此患上抑郁症。由于他们的快乐建立在如此脆弱的基础上，一旦这个基础崩塌，他们可能会发现自己难以再次站起来，重新寻找生活的希望和快乐。

金钱与幸福感之间的关系

相信很多朋友会问：“你试试没有钱的日子，吃饭要花钱，出门要花钱，生活中的油盐柴米酱醋茶，哪个不需要用金钱购买？”

其实，金钱固然重要，但金钱带来的快乐是有限的。

为了深入探究幸福感与经济条件之间的联系，心理学家们进行了一项研究。这项研究涵盖了全球 40 个不同的国家。在每一个国家中，研究人员精心挑选了超过 1000 名参与者作为研究对象，以确保数据的广泛性和代表性。这些参与者来自不同的社会阶层、文化背景和年龄群体，以便研究结果能够尽可能地反映出普遍趋势。

他们研究的主要目的是探讨人们的幸福感与其购买力之间的关系。研究人员通过问卷调查、面对面访谈，以及其他数据收集方法，详细记录了参与者的生活状况、收入水平，以及他们对生活满意度的主观评价。这些数据经过严格的统计分析后，得出了一个总体的结论：那些购买力较强的国家中的居民，通常报告了更高的幸福感。

虽然这一发现在很多人看来并不意外，但心理学家还发现，一旦国民年收入跨过了人均 8000 美元（相当于 5.7 万元人民币）这道门槛，即使挣再多的钱，对提升幸福感也没什么帮助了。

换句话说，有钱确实能让我们过得更幸福，但钱能买到的幸福是很有限的。这也就意味着，一旦基本的生活需求得到了满足，增加收入对于满足更高级别的需求（如自我实现、人际关系等）的作用相对较小。

此外，金钱带来的快乐往往是短暂的，人们很快就会适应新的物质条件，并追求更高层次的满足。除了跨国的横向比较，一项在美国国内开展的研究也得出了类似的结论。

研究人员在对大量数据进行分析后发现，那些生活在贫困线以下的家庭和个人，幸福感普遍较低。他们面临着基本生活需求的挣扎，因此，他们的生活满意度和幸福度也会受到严重的影响。

然而，一旦他们的基本温饱问题得到解决，即使收入有所增加，这种增长对于提升他们的幸福感似乎并没有显著的效果。这就意味着，在满足了基本的生存需求之后，金钱对于幸福感的提升作用变得微乎其微。

更有趣的是，当研究人员观察那些位于《福布斯》杂志上发布的富豪榜上排名前 100 的美国富人时，他们发现这些顶尖富豪的幸福感仅仅比普通美国人略高。这一发现挑战了人们普遍认为的“越有钱越幸福”的观念，表明在财富达到一定水平后，更多的金钱并不能同比例增加幸福感。

心理学家马丁·塞利格曼曾说：“你对金钱的看法，实际上比金钱本身更影响你的幸福。”不论在哪一个阶层里，那些对金钱看得特别重的人往往对他们的个人收入感到不满，这种不满情绪会影响他们的幸福感。他们可能会不断地比较自己与他人的经济状况，从而产生更多的焦虑和不快乐。

相反，那些能够接受自己经济状况并乐于现状的人，即使他们的财富并不丰厚，他们的幸福感却可能远高于那些新近进入富裕阶层的人。这些人虽然在物质上不算富有，但他们的心态使他们能够享受到生活中的“小确幸”，从而拥有更高的生活满意度和幸福感。简而言之，真正的幸福并不完全取决于一个人的经济地位，而更多地取决于个人的心态和对生活的态度。

唯金钱至上的财富观

唯金钱至上的财富观并不会创造财富。

虽然这是一个很显而易见的道理，但很多人却不明白。单纯地追求金钱本身并不能直接导致财富的生成。这是因为财富的生成并非仅仅依赖于对金钱的追求，而是需要通过更多的价值创造和经济活动来实现。

再者，唯金钱至上的财富观可能还会导致一些问题，比如过度追求短期利益。

记得我刚开始接触股市的时候，被各种短期交易策略所吸引，比如日内交易、追逐热点股等。于是，我投入了大量的时间和精力去研究市场动态，试图通过短线操作来快速获利。起初，我确实赚到了一些钱，这让我感到十分兴奋，仿佛找到了通往财富自由的捷径。

然而，随着时间的推移，我发现这种依赖短期波动的交易方式充满了不确定性和风险。市场的波动是无法预测的，而且频繁的交易也让我付出了高昂的交易成本。最终，这些短期利益并没有为我带来稳定的财富增长，反而让我陷入了一种焦虑和不安的状态。

我逐渐认识到，真正的财富自由并不是依靠短期的利益来实现的。它需要长期的规划、稳健的投资策略，以及耐心的等待。我开始转变我的投资理念，从短期交易转向了长期价值投资。我学习了如何分析公司的基本面、如何选择有潜力的行业，以及如何构建一个多元化的投资组合。

在我职业生涯的早期阶段，我也曾经不可避免地踩过一些坑。例如，有一次，我为了每月多得两千块钱的工资而选择跳槽，然而，新的工作环境却让我大失所望。新公司的人际关系极其复杂，让我感到压力重重，而且更重要的是，这里几乎没有什么学习的机会。

这次的经历对我影响深远。它让我意识到，一个人在职场上不能只盯着钱看。薪酬固然重要，但更重要的是你在这个公司是否有自我提升的机会，是否有可能学到新的知识、提升自己的技能并进一步发展自己的职业生涯。

我想，看到这里，可能会有朋友问："我之所以看这本书，是因为我想知道如何才能通往财富自由之路，你却在这里讲什么财富观。财富观有用吗？它能让我获得财富吗？"

还是回到那句话，财富自由不仅是一个财富问题，也是一个认知问题。

拥有稳健的财富观，不追求"一夜暴富"，追求稳扎稳打，一步一个脚印，其实就已经跑赢了生活中的绝大多数人。

道理很简单：基础不打牢，就算让你中彩票，你的财富也会很快被挥霍殆尽。

◇ 省钱可以省出财富

很多年前，我认识了一位朋友，他有一个非常特别的习惯，那就是在乘坐公交车的时候，总是会选择那种只需要一块钱的车，而不会去坐那种车票为两元的空调车。即使是在烈日炎炎的夏天，他也会耐心地等待，直到有“一块钱的车”来到他的面前。

我问他：“为什么要这样呢？一块钱的区别有那么大吗？”

他回答我说：“人要学会省钱。”

在很多老一辈人的眼里，这样的观念非常普遍。毕竟他们是从物资短缺的时代过来的，所以我们要了解并尊重他们的思想。同时，我们也要有一个清醒的认识：财富永远不是省出来的，而是赚出来的。

在那个物资匮乏的年代，人们经历了许多的困难和挑战。他们生活在资源有限的环境中，不得不学会节约和珍惜每一分钱。这种经历塑造了他们对财富的看法，认为只有通过节省和精打细算才能积累财富。然而，时代已经发生了变化。

首先，虽然节俭是一种良好的品质，但它并不能直接带来财富的较大增长。相反，真正的财富是通过创造价值和机会来实现的。在现代社会中，有许多机会和领域可以让我们发挥创造力和创新能力，从而创造出更多的财富。

其次，财富的积累并不是一夜之间的事情，它需要我们有明确的目标和计划，并为之付出努力和时间。我们需要不断学习和提升自己的技能，以适应不断变化的市场和行业。同时，我们也要善于发现机会并抓住它们，勇于冒险和尝试新的事物。只有这样，我们才能在竞争激烈的环境中脱颖而出，实现财富的增长。

在生活中，我们总会遇到“省钱”和“节约钱”这两个概念。虽然在日常语境中，许多人会将它们混为一谈，但实际上，它们之间存在着根本的差异。

那些“节约钱”的人，在消费时会更加注重物品或服务的性价比。他们在购买商品时会权衡价格与质量，力求在满足需求的同时，尽可能地减少开支。比如，在一个炎热的夏日，想要解暑的人可能会选择购买一根冰棍。在这种情况下，一个注重节约的人可能会在众多选择中寻找那个既经济实惠又能满足需求的选项。如果市场上有五块钱一根的冰棍，他们可能会选择购买三块钱一根的冰棍。因为在他们看来，这样可以在不影响享受的前提下，节省下一部分资金。

相比之下，“省钱”则是一个较为极端的消费行为。省钱的人在面对消费决策时，会尽可能地避免支出。他们的目标是尽可能减少金钱的流出，即使这意味着牺牲一定程度的舒适感。以同样的例子来说，当一个人想要在炎热的天气里寻求一丝凉意时，一个致力于省钱的人也可能不会选择买冰棍。他们也许会选择回到家中，打开冰箱，倒一杯冰水来解渴。在他们看来，这样不仅避免了花钱，同样能够达到降温的目的。

省钱可以积累财富吗？

很多人认为，通过省钱可以积累一定的财富。实际上，这种观点是一种认知方面的偏见。我们只需稍微观察一下那些名列世界富豪榜的人们，就可以发现，他们的商业帝国并非仅仅依靠节俭而建立起来的。当然，有些人可能会反驳说，这些富豪确实是通过赚钱来积累财富的，在花钱方面，他们却显得非常节省。比如著名企业家李嘉诚，据说他的一件西服穿了十几年，一张纸用了正面以后再用反面。再比如曾经的石油大亨洛克菲勒，在一次出门住酒店时，给了服务员 1 美元的小费。然而，当服务员准备离开时，洛克菲勒却叫住了他，要求他还给自己 1 美分，因为小费是房租的 10%，他认为服务员应该还给他多出的部分。就这样，洛克菲勒在服务员不甘的目光中，接过了那 1 美分。

然而，你可能不知道的是，李嘉诚曾花费 8 亿台币购买了一栋别墅，而洛克菲勒后来也说过，钱就要花在该花的地方。这些例子表明，虽然这些富豪在生活中表现出一定程度的节俭，但他们也懂得在关键时刻投资自己和自己的事业。因此，我们不能简单地认为省钱就能创造财富，而是要在赚钱的同时合理地规划和使用财富，才能实现真正的财富成功。

很多时候，我们只是看到了富豪的一个侧面，就因此得出这样一种印象：哦，原来富豪都这么省钱。于是立志自己以后也要开始省钱。而实际上，富豪们只是在不值得花那么多钱的地方绝对不花，但凡是值得花钱的地方，他们会毫不吝惜。

另外，如果我们将精力都用在如何省钱上，那么对于如何赚钱这事就不会那么在意了。要知道，人的精力是有限的，如果总是盯着“省钱”，我们的心态就会保守。的确，我们会因此而避免购买很多没必要的商品，但我们的心就被锁在了一个狭小的空间中，也会因此错失很多赚钱的机会。

再者，省钱也必定不能省出财富，只要我们稍微动下脑子就能想明白这个问题。因为一个人的工资、奖金之类，很大一部分是固定的。固定的东西就不具有创造性，也就更谈不上创造财富了。

我们只需要相信一点：财富是创造出来的，是人们用积极的心态、充满勇气的行动与觉醒的认知开创出来的。

当然，省钱省不出财富，也并不意味着我们花钱的时候要大手大脚，我们还要考虑到它的性价比。比如，你楼下超市的鸡蛋6块钱一斤，而三千米之外超市里的鸡蛋5块一斤。假设它们的品质都是一样的，大小也是一样的。请问，你会因为远处的鸡蛋比楼下的鸡蛋便宜而特意开车或走路去买那里的鸡蛋吗？

如果你的回答是“会”，那就需要引起注意了，你的思维需要及时作出转变。

再比如，你打算看一部电影，到了售票处发现票价是60元，但是旁边还有一个团购价，只需用手机轻轻一扫二维码，一分钟之内就能买到特价票，可以在原来票价上省去10元，那么你这么做就是可以的。因为你不必付出多余的时间和人力成本就能节省下部分资金。

所以，要想学会正确的省钱姿势，需要先知道什么东西是我们的成本，省了钱以后增加了哪些显性和隐性成本，以及收益和成本之间的关系如何。同时我们也需要明白，省钱只是一种策略，并不是我们创造财富的重要手段。

要想创造财富，还得靠开创，靠我们不断地向前走。

钱可以解决任何事情

“钱可以解决任何事情”和“有钱了我就能快乐”这样的观点，实际上都是错误且有害的。这些观念可能会误导人们，让他们认为金钱是生活中最重要的东西，而忽略了其他重要的价值观和生活品质。

在网络上，有一句流传甚广的话：“99% 的事情可以用钱来解决，剩下的 1% 则需要更多的钱。”这句话看似很有道理，但实际上存在很多问题。

首先，它过于夸大了金钱的作用，让人们认为只要有足够的金钱，就能解决所有的问题。然而，在现实生活中，有很多问题是无法用金钱来解决的，比如健康、亲情、爱情、友情等。

其次，这句话也忽略了人们的内在需求和精神追求，让人们过于关注物质生活，而忽略了精神层面的满足。

我敢保证，相信这些话的人与传播这些话的人，大概率都是缺钱的。因为在生活中，有钱人往往更加明白金钱并非万能，因为他们更注重平衡各方面的需求，追求更高品质的生活。而那些没有钱的人，很容易将自己遇到的困扰和情绪的负面反馈都归咎于没钱。

这是一种相关性的强行归因，实际上是在为自己的困境找借口，而忽略了自身的努力和改变的可能性。

在心理学上，这种现象被称为聚焦效应（Focusing Effect）。

聚焦效应是什么？

聚焦效应是一种认知偏差，指的是人们在决策或评估时，过度关注某个特定的因素，而忽视其他重要的因素。这种偏差可能会导致人们对自己的不足或缺失过度关注，而忽视自己已经拥有的资源、优点或成就。聚焦效应可能会影响人们的判断和决策，使他们无法全面地考虑问题，从而做出不理性或不明智的选择。了解聚焦效应有助于我们更客观地评估自己，并做出明智的决策。

让我们来做一个小小的思维实验。此刻，请你暂停一下手中的事务，花一点儿时间去深入思考，审视自己的生活中究竟拥有哪些宝贵的东西。这个请求可能会让有些人感到困惑，他们可能需要一段时间来沉思，才能准确地回答出这个问题。他们可能会想到自己的身体健康、有爱的家人或有前途的事业……

然而，当我们转换角度，去思考那些我们尚未拥有的东西时，许多人几乎能够立刻给出答案，而且在大多数情况下这个答案惊人的一致，那就是："缺钱"。

再举个例子，有些人会在网上购买一些东西，一旦他们开始刷手机，似乎就停不下来。尤其是当他们在网上浏览各种商品时，会感觉自己需要购买很多东西，因此不断下单购买。然而，当他们将所有东西都买回家后，却发现自己真正能够使用的却很少。

你是不是也买过不少“当初以为会用，但实际买来之后却束之高阁，始终没有用过”的东西呢？这种情况在我们生活中十分常见。

因此，在现实生活中，正是因为很多人缺钱，才会觉得“钱可以解决世界上的任何事情”，他们会过分放大金钱的作用。但有一点我们必须得承认，金钱的确是有用的，可是当金钱达到一定程度后，作用就没想象中那么大了，尤其是与个人幸福感之间的关系。

当你从贫困走向温饱的时候，金钱似乎真的起到了一定的作用。因为只有手里有钱，你才可以吃得好一点儿，喝得好一点儿，不再拮据；当你从温饱走向小康的时候，钱虽然也起了一定的作用，但很明显远不如上一个阶段大；当你从小康走向富裕的时候，你会发现，钱不是第一，健康才是第一。

“钱是万能的”这种想法有什么危害性？

正如前面所说，一些“有毒”的想法会在不知不觉中渗透进一个人的行为中，成为他的行为模式。

当一个人过分相信“钱是万能的”时，其实透露出了他的脆弱。因为在他的价值观中，金钱是他唯一的依赖。这种观念会导致他在面对各种挑战时，过于依赖金钱来解决问题，而忽视了其他重要的因素。

在这个世界上，赚钱的确不是一件容易的事情。在追求金钱的

过程中，你可能遇到过各种困难和挑战，需要付出大量的精力和时间。如果你过分相信金钱的重要性，你就会变得急躁和焦虑，因为你会迫切地希望自己能够快速获得财富。

殊不知，你越是相信这个观念，就会变得更加急躁。急躁的心态会让你失去耐心和冷静，导致在面对困难时无法做出明智的决策。在这种情况下，你可能会盲目追求短期的利益，而忽视了长远的发展和稳定。这种行为会带来负面的后果，使你陷入一个负向的循环中。

在这个循环中，你越是赚不到钱，就会越发急躁。此时的你可能会变得更加焦虑不安，进一步影响你的决策能力和行动力。你可能会采取冒险的行为，试图迅速改变现状，但这只会加剧问题的严重性。你很有可能会因为一时的利益而蒙蔽了自己的双眼，最终导致自己被各种别有用心的人欺骗。

请问，你愿意这样活着吗？一个以金钱为唯一依赖的人生，一个充满急躁和焦虑的人生，一个陷入负向循环的人生。

任何狭隘的观念，包括但不限于“金钱是万能的”，这就如同一道无形的枷锁，牢牢地束缚着人们的思维和行动。这种局限性使得人们的视野受限，难以窥见更为广阔的未来和更多的机遇。在这样的思维模式下，人们往往只能在原地打转，从而错失探索未知世界的勇气和机会。

因为当人们过分追求金钱时，注意力就会被眼前的小利益所吸引，从而忽略了那些可能带来更大收益和价值的机会。这种短视的行为模式，不仅限制了个人的成长和发展，也可能导致他们在未来的某个时刻，为错失的机遇而后悔莫及。

其实，真正的财富自由，远不止于金钱的积累那么简单。它更是一种对生活的掌控能力，包括对自己时间的自主安排、对资源的合理分配，以及追求个人梦想和幸福的权利。拥有财富自由的人，可以在不受经济压力的情况下，选择自己热爱的生活方式，投身于真正有意义的事业中，享受生活带来的每一份喜悦和满足。

◇ 面对阶层固化，普通人机会渺茫

在近几年的社会环境中，我们经常听到一些人发出这样的感叹："现在的社会，阶层固化的现象已经越来越严重了，对于普通人来说，机会似乎已经变得越来越渺茫。"这样的观点，无疑引起了很多人的共鸣。

他们深刻地感受到了这个社会的现实，出身平凡，大学毕业后拿着微薄的工资，生活的压力让他们不得不去思考这个问题。他们看着身边那些有着强大背景的人，如何通过整合各种资源，走上人生的巅峰，心中的落差感和无力感就更加强烈。这种挫败感，很多人都经历过。

那些父母辈已实现财富积累并能为其带来丰富资源的人，毕竟

还是少数。

很多人一提到阶层，都会想到收入。尽管收入（财富）是衡量阶层的一个重要指标，但也并不完全是。下面我们不妨来看一下国家统计局的数据。

中国居民的收入大概是多少？

根据国家统计局的数据，中国的居民人均可支配收入在过去几年里有所增长。根据2023年的统计数据，全国居民人均可支配收入为39218元，比上年增长了6.3%。按照城乡划分，城镇居民人均可支配收入为51821元，增长了5.1%；农村居民人均可支配收入为21691元，增长了7.7%。从收入来源来看，工资性收入占据了可支配收入的最大比重，占56.2%，其次是经营净收入、财产净收入和转移净收入。

那么，什么是人均可支配收入呢？

这个数字是通过将全国居民的总收入除以总人口得出的平均值。可支配收入是指个人在纳税后可以支配和使用的收入，包括工资、经营所得、财产收入和转移收入等。

曾经有人沮丧地跟我说："我现在工资才1万元，感觉总是抬不起头。"

我笑着宽慰他："月收入过万元，其实已经跑赢了中国绝大多数人。"

他一脸疑惑地望着我，似乎还以为我在安慰他。

实际上，月收入 1 万元在中国已经属于较高收入水平了。根据国家统计局的数据，2018 年全国月收入超过 1 万元的人群占比约为 3%。月收入在 1 万元以上的人群在全国范围内占比较小，属于高收入人群。

然而，需要注意的是，收入水平的划分标准会因地区、行业、职业等因素而有所差异。在一线城市和发达地区，月收入 1 万元可能相对较普遍。但在一些二线、三线城市以及欠发达地区，月收入 1 万元可能相对较高。

即使是在发达的一线城市，虽然月入过万相对普遍，但绝不会陷入“抬不起头”的境地。

有人可能会说，不要看平均，要看中位数。

根据国家统计局公布的数据，2023 年全国居民人均可支配收入中位数为 33036 元。其中，城镇居民人均可支配收入中位数为 47122 元，农村居民人均可支配收入中位数为 18748 元。

我们来看看一线城市上海的数据。

根据不同来源的数据，上海收入的中位数存在一定的差异。根据知乎上的一些回答，2022 年上海的工资中位数约为 6906 元。这个数据并没有准确的来源，但是接近大家的日常感知。除此之外，根据《中国民生发展报告（2018 ~ 2019）》的数据，上海市家庭收入的中位数为 37900 元。

这些数据表明，绝大多数的中国人都是普通人。你之所以觉得这个世界上有钱人很多，有背景的人很多，是因为你的周围一直在传播这样的故事。

还有就是互联网上的信息加剧了我们的焦虑，让我们对真实的世界产生了认知偏差。毕竟普通人的生活天然就不具有传播的要素，而那些大富大贵或一夜暴富的话题才更有流量，传播得也更广泛。

阶层真的固化了吗？

360公司的创始人周鸿祎曾经提到过“阶层固化”这个话题。在他看来，无论一个人的出身如何，都存在着改变自己所属社会阶层的可能性。要实现这一跨越，关键在于采取正确的策略和方法。

首先，他建议人们应该为自己设定长期的、远大的目标。这些目标与短期的、表面的欲望有所不同，有时甚至可能与之相冲突。这是因为长远目标更关乎个人的核心价值和深层次的追求，而不仅仅是一时的满足。

周鸿祎在他的讲话中提到了一个深刻的观点：“很多人并不是因为出身平凡而失败，而是在成长的过程中，他们将赚钱视为唯一的目标。”这句话揭示了一个普遍的现象，即许多人在追求物质财富的过程中，可能会忽视了个人的全面发展和内在价值的提升。他认为，如果一个人的生活和职业发展紧紧围绕着金钱转，那么这个人可能会失去追求更高意义和目标的机会。因此，为了打破自身所在的阶层限制，不仅需要有明确的长远目标，还需要有更为全面和深远的人生规划。

据说，小时候的周鸿祎也是一个顽皮的孩子。在课堂上，他经常因为私下讲话和搞小动作而被老师点名批评，甚至被叫到教室前面罚站。原生家庭为他提供的成长环境相对宽松，可以说是一种"散养"式的教育，没有被过多的规则和约束所限制。在这样的环境中，他的天性得到了极大的释放。

15岁那年，周鸿祎第一次接触到了《少儿计算机报》，这份报纸对他的未来产生了深远的影响。到了高二的时候，在一次班会上，周鸿祎鼓起勇气走上讲台，面对全班同学，毫不羞涩地表达了自己的梦想："我这一生，就要成为一个电脑软件的开发者。"从那时起，这个理想深深地植根于他的心中，成为他不断前进的动力。

回顾自己的成长历程，周鸿祎总结出了对他影响深远的三个因素：好奇心、兴趣和大量的阅读。这三者构成了他不断探索和学习的基础，也是支撑他走到今天最重要的三件事情。

在一次公开发言中，周鸿祎坦诚地分享了自己对于企业发展的一些深刻见解。他指出，在公司的成长和发展过程中，很多情况和事件都被外界以各种方式进行了包装和解读。他解释说，这种包装有时候是为了给外界留下更好的印象，有时候则是为了保护公司的隐私和商业机密。在这个过程中，他和团队就像是在未知的河流中摸索前行，没有固定的路标，只能依靠自己的判断和经验来决策。

周鸿祎还透露，尽管他在商界的经验丰富，但面对不断变化的市场和激烈的竞争，他内心时常会感到恐惧和不确定。他认识到，这种感觉是人之常情，尤其是在高风险的商业环境中。然而，他强调了一个重要的观点：真正的勇气并不是无所畏惧，而是能够控制和克服自己的恐惧。他认为，这是区分勇士和懦夫的关键所在。一个真正的勇士，即使在内心感到恐惧时，也能够保持冷静，做出理智的决策，而不是让恐惧主宰自己的行动。

周鸿祎的成长和发展就是一个典型的普通人经过不断努力实现财富自由的实例。在成功前与成功后，他始终没有放弃自我提升，保持积极和正向的价值观。

请问，阶层真的固化了吗？

让我们来设想一个场景，小明是一名普通的公司职员，他每天循规蹈矩地工作，不敢有任何突破性的想法，业余生活也没有什么兴趣爱好。下班回到家，他要么看短视频，要么玩游戏，要么就是做一些必须要做的工作。小明没有自己的方向，准备来年去考证，但又懒得复习，在没有人监督的情况下很难自主学习。小明的书桌上摆放着为数不多的书，有《一夜暴富是如何练成的》《专家教你买彩票》《如何让富婆爱上我》等。如果让他读一本需要费点脑子的书，诸如《思考，快与慢》，他就一副不情愿的样子。

请问，你还能说出“阶层已经固化了吗”？

能够被固化的，唯有人自己的想法和认知。

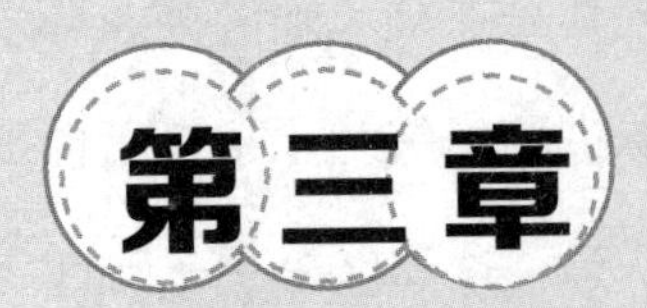

第三章

财富自由之前必须要走的路

◇让“睡后收入”成为一种可能

在现代社会，许多人对“睡后收入”这一概念并不陌生。所谓“睡后收入”，简而言之，就是在你完全放松休息甚至在沉睡之际，你的财富依然在悄无声息地增长。想象一下这样一个场景：当你在舒适的床上进入甜美的梦乡时，时间悄然流逝；次日清晨醒来时，就会发现自己的账户已经比昨晚入睡前多出了一笔额外的金额。

对于追求经济独立和财富自由的人们来说，将“睡后收入”变为现实，无疑是一个极具吸引力的目标。为了达到这一点，我们需要探索并实现在睡眠中也能持续赚钱的途径。这就意味着，我们需要构建起一个被动收入的来源。

被动收入，顾名思义，这是一种不需要我们积极劳动，或者投入大量时间和精力，就能自动流入口袋的收入。这种收入形式的魅力在于，它能够为我们提供一个稳定的经济支撑，让我们在享受生活的同时，不必为财务问题担忧。

那么问题来了，要想有被动收入，应该怎么做呢？

投资理财

通过精心挑选并投资于股票、债券和房地产等多种资产，投资者不仅可以实现资本的增值，还能获得分红收入，从而增加个人的财富。这些投资工具有一个共同点，那就是它们能够在投资者不直接参与的情况下，持续地为他们创造收益。由于金融市场的交易活动是全天候不间断的，这意味着即使在你休息或从事其他活动时，你的投资仍然在为你工作，仍然有可能在股市或债市中实现资本的增值。

一方面，股票和债券的价格波动为投资者提供了资本增值的机会。当市场价格上升时，投资者可以通过出售这些资产来获得利润。此外，许多股票和债券还会定期支付分红和利息，这就为投资者提供了额外的收入来源。这些收入作为投资者的被动收入，有助于改善其财务状况。

另一方面，房地产投资通常通过出租物业来产生租金收入，这是一种典型的被动收入方式。租金收入不仅可以为投资者提供持续的现金流，而且随着时间的推移，房地产的价值可能也会增加，从而为投资者带来资本增值的机会。

创建自己的企业

通过创立自己的企业，你将拥有一个独特的机会，那就是构建一个即使在你不亲自参与基础工作的情况下，也能持续运作的收入来源。

然而，要实现这一目标，你需要在企业的初期阶段投入大量的时间、精力。这个过程可能会非常艰难，需要你在各个方面都要作出贡献。

首先，你需要进行市场研究，了解你的目标客户群体，以及你的产品或服务在市场中的定位。

其次，你需要开发产品或服务，确保它们能满足市场需求，并具有竞争力。除此之外，营销策略的制订也是必不可少的一环。你需要确定如何推广你的产品或服务，吸引潜在的客户，并促使他们购买。同时，团队建设也是至关重要的，你需要找到合适的人才，组建一个高效的团队，共同推动企业的发展。

最后，维护良好的客户关系也是不可忽视的，它有助于建立企业的信誉和口碑。在企业建立初期，你可能需要亲自处理各种事务，从战略规划到日常运营的细节。在这个过程中，你可能会遇到许多挑战和困难，需要不断地学习和适应。

随着时间的推移，如果你的企业能够稳定下来，并建立了一套良好的运营模式，你就可以开始享受所谓的“被动收入”，即依靠企业的良性运转产生盈利收入。

对于许多企业家来说，这种被动收入的概念是一个吸引人的目标，因为它意味着财务自由和时间的自由。一旦企业建立起来并运行顺畅，你可以将日常管理任务委托给团队成员或者系统，而自己则可以专注于其他兴趣、休闲活动或是新的商业机会。不过在现实社会竞争当中，这是一种理想的状态。企业家如果想取得更多、更有价值的成就需要持续不断的努力奋斗。

租赁或授权

对于房地产投资者来说，将房产出租是一种常见且有效的收入策略。无论是住宅、商业空间还是工业物业，通过与租户签订租赁合同，投资者可以定期获取租金收益。

对于拥有知识产权或品牌的个人或企业，他们可以通过授权协议，允许他人在特定条件下使用这些无形资产，其中可能包括专利、商标、版权或者特定的商业模式。授权方通常会从被授权方那里收取一次性的费用或持续的特许经营费用，作为使用这些知识产权或品牌的报酬。这种授权使用的方式不仅能够为知识产权的持有者带来收入，还能帮助扩展品牌的影响力和市场覆盖范围。

值得注意的是，虽然这些被动收入来源在理论上可以持续创造价值，但在实际操作中，确保这些收入流的稳定性和可持续性需要不懈努力。持有者必须确保所有合同和授权协议都符合法律规定，并且在有效期内。此外，合理的管理和监督也是必要的，以确保租户或被授权方遵守合同条款，维护资产的良好状态，并按时支付租金或授权费。

网络平台和电子商务

在当今的数字化时代，网络平台为我们提供了无数的机会，其中之一就是通过开设在线店铺，推广和销售自己的产品，实现被动

收入。这种收入方式的魅力在于，一旦你的品牌和产品得到市场的认可，你就能在任何时候，包括睡觉时，获得收入。但是这并不意味着这是一种轻松的方式，相反，它需要你在前期投入大量的时间和精力，甚至一部分金钱，以建立和推广你的品牌和产品。

首先，你需要选择一个适合自己的网络平台。这个平台可以是电商平台，如淘宝、京东、拼多多等，毕竟这些平台已经有大量的用户基础，可以帮助你快速接触到潜在的客户。同时，你也可以选择自己建立一个网店，更好地控制你的品牌形象和用户体验。无论你选择哪种方式，都需要投入时间、精力甚至金钱来开发和设计自己的产品，并确保产品的质量和竞争力。

其次，你需要进行推广和宣传。你可以利用社交媒体平台，如微博、微信、短视频平台等，通过发布有吸引力的内容、与潜在客户互动、参与行业相关的讨论等方式来吸引目标客户的注意。此外，你还可以利用搜索引擎优化（SEO）技术，提高你的产品在引擎搜索结果中的排名，增加曝光度和点击率。你还可以考虑利用网络广告，如百度推广、微信朋友圈广告等，增加产品的曝光度和知名度。通过投放广告，你可以吸引更多的潜在客户，并增加销售机会。

最后，一旦你的品牌建立起来，并且有了一定的客户基础，你就可以享受到被动收入。客户通过网络平台自动购买你的产品，无须你的实时参与，而是在线支付系统和物流配送系统来完成交易。这样一来，即使你在睡觉时，仍然可以获得销售收入。这种方式虽然需要前期的努力，但一旦建立起来，就可以为你带来持续的被动收入。

股权投资和风险投资

通过投资初创企业或参与股权投资基金，的确可以获得企业成长和退出时的回报。投资初创企业，意味着你将资金投入到正在创建或重建过程中的成长性企业中，以期在企业发展成熟或相对成熟后，通过股权转让获得资本增值收益。参与股权投资基金则是通过将资金投入到专门管理的基金中，由基金经理进行投资决策和管理，以获取投资回报。

在投资初创企业时，你可以成为企业的股东，分享企业成长带来的价值增长。当企业发展成功并实现退出时，你可以通过出售股权或其他方式获得回报。这种回报可能来自企业的上市、被收购或进行其他形式的退出。

参与股权投资基金意味着你将资金投入到由专业团队管理的基金中，基金经理会根据市场情况和投资策略选择合适的企业进行投资。基金经理会积极管理和监督投资组合中的企业，并在企业发展成功后寻找合适的退出时机，以实现投资回报。无论是投资初创企业还是参与股权投资基金，你都有机会享受到“睡后”被动收入。一旦你的投资取得成功，企业的成长和退出将为你创造价值，无需实时参与。

在投资初创企业时，你需要具备一定的风险承受能力和对企业

的深入了解。初创企业通常处于发展阶段，面临着各种不确定性和挑战。因此，在选择投资对象时，你需要仔细评估企业的潜力、管理团队的能力，以及市场需求等因素。同时，你还需要关注企业的发展计划和战略，以确保其能够实现可持续的增长和盈利。

参与股权投资基金则可以借助专业团队的管理能力来降低投资风险。股权投资基金会聘请专业的基金经理来管理资金，并根据市场情况和企业的发展状况进行投资决策。基金经理会进行深入的市场调研和分析，选择具有高成长潜力的企业进行投资。他们会积极监督和指导所投资的企业，帮助其实现业务发展和提升竞争力。

无论是投资初创企业还是参与股权投资基金，都需要对市场和行业有一定的了解。投资者应该密切关注经济环境、行业趋势和政策变化等因素，以便做出明智的投资决策。此外，投资者还应该分散投资风险，不要将所有资金都集中在一个项目上，以降低潜在的损失。

以上是几种常见的获取被动收入的方式，让睡觉时也挣钱成为一种可能。但在这之前，你需要有一定的学习能力和认知能力。因为我们追求的财富自由，是一种稳健的财富自由之路，而不是依靠“天上掉馅饼”。

不要把钱放在一个篮子里

实现财富自由是许多人追求的目标，而要达成这一目标，投资和个人财务管理是两个不可或缺的要素。在追求财富自由的漫长旅程中，有一个至关重要的原则——多样化投资原则，它被人们视为金融智慧的核心。通俗地讲，就是“不要把鸡蛋放在一个篮子里”。

投资理财大师们的投资哲学

菲利普·费舍尔

菲利普·费舍尔作为一位备受尊敬的价值投资者，在投资界享有极高的声望。费舍尔先生之所以能够取得如此大的成就，是因为他一直在坚持并始终坚信，投资者在做出投资决策之前，必须要进行彻底和细致的研究工作，这是成功投资的关键所在。

在费舍尔先生的投资哲学中特别强调了对公司基本面的深入理解，包括其财务状况、管理团队、市场地位以及行业趋势。他认为，只有当投资者对这些因素有了全面的认识，才能准确地评估出公司的真实价值和长期增长潜力。费舍尔提倡的是一种长期的投资

视角，他相信，通过深入研究，投资者能够识别并抓住那些被市场低估的宝贵机会。

除了对研究的强调，费舍尔还非常注重投资组合的分散化。他认为，将资金分配到不同的投资标的上，是降低单一投资风险的有效手段。这种分散化可以跨越不同的行业领域，也可以跨越不同的地理区域，甚至是不同的资产类别。通过这种方式，投资者可以在市场波动时保护自己的投资，同时从多个渠道获取收益，从而实现更为稳健和可靠的投资回报。

本杰明·格雷厄姆

除此之外，本杰明·格雷厄姆也是一位在金融界享有盛誉的投资思想家和证券分析师，被人们尊称为“华尔街教父”。对于现代投资者来说，他的投资智慧和理论见解具有不可估量的指导价值。

格雷厄姆先生是价值投资理念的奠基人之一，他提出的投资哲学和方法论，至今仍然是投资者们的重要参考。他的投资策略强调了对投资标的的深度理解和精准估值，这种理念在当今复杂多变的投资环境中，仍然具有重要的参考价值。

在格雷厄姆的投资理念中，他特别强调了分散投资的重要性。他认为，投资者应该避免将所有的资金集中投入单一的投资标的，而是应该将资金分散到不同的投资标的中。这种分散投资的方式，可以有效地降低单一投资的风险。即使某个投资出现亏损，其他投资也可以起到抵消的作用，从而实现整体上的稳定回报。对于投资者来说，这种投资策略是非常有价值的。

此外，格雷厄姆还强调了根据估值来选择投资标的的重要性。他认为，投资者应该关注股票的内在价值，而不是盲目追求短期涨幅。他提倡投资者进行详细的市场分析，寻找被低估的股票，并且在购买时要有一定的安全边际。通过这种价值投资的方式，投资者可以获得更稳定和长期的回报。

巴菲特认为，格雷厄姆写的书，即使在五六十年以后，也仍然是最伟大的投资著作。伯克希尔·哈撒韦公司的成功，是格雷厄姆栽的智慧之树结出的果实。

纽约证券分析师协会曾这样评价格雷厄姆："投资行业，原来如同一个黑暗的迷宫，是格雷厄姆第一次绘制出来一幅地图，从此投资人找到了一条走出黑暗迷宫的光明之路。"

沃伦·巴菲特

相信很多朋友都知道巴菲特，巴菲特的投资策略深深植根于价值投资的理念之中。然而，当我们深入探讨他的投资哲学时会发现，在分散投资这一方面，他的观点与一些传统的分散投资理论存在显著的差异。巴菲特并不完全遵循传统的分散投资原则，他更倾向于采取集中投资的策略。

集中投资的核心理念是，投资者应该将资金集中在自己充分了解的公司上。这就意味着，巴菲特并不会随意地将资金分散在过多的项目上，而是会选择那些他熟悉并且理解的公司进行投资。他坚信，通过深入了解和持有少数几个高质量的公司股票，投资者可以获得更为可观的回报。

巴菲特在选择投资目标时，非常注重公司的长期竞争优势和优秀的管理团队。他相信，这些公司能够持续创造价值，并且具有稳定的盈利能力。这种投资策略，使得巴菲特能够在投资市场中，稳定而持久地获得收益。

然而，这并不意味着巴菲特完全排斥分散投资。实际上，他认为投资者应该将资金分散到不同的行业和资产类别中，以降低整体投资组合的风险。这一点，与传统的分散投资理论是一致的。巴菲特建议，投资者在不同的行业和资产类别中应选择具有竞争优势的公司进行投资，以实现更好的风险分散效果。

实施多元化投资的策略

多元化投资是指将投资资金分散到不同的投资标的中，包括不同的行业、不同的地区和不同的资产类别。它是一种投资策略，旨在降低投资组合的整体风险，并提高回报。

通过多元化投资，投资者可以将资金分散到不同的资产类别中，如股票、债券、房地产、大宗商品等，以及不同的行业和地区。这样做可以减少对单一投资的依赖，当某个投资表现不佳时，其他投资可能会有良好的表现，从而平衡整体投资组合的风险。

多元化投资的目的是通过在不同的投资标的中分散风险，降低整体投资组合的波动性。它可以帮助投资者应对市场的不确定性和波动，减少单一投资带来的风险，并提高整体投资组合的回报。

需要注意的是，多元化投资并不能完全消除风险，但它可以帮助投资者降低特定风险对整体投资组合的影响。同时，多元化投资也需要根据个人的风险承受能力、投资目标和“时间 horizon”（指投资者计划持有投资组合的时间长度，它是一个重要的考虑因素）来进行合理的配置。

多元化投资的好处主要体现在以下几个方面：

降低风险

多元化投资是一种智慧的财务策略，它的主要优势之一在于能够显著降低投资组合的风险。这一策略的核心思想是将资金分布到多个不同的投资标的上，而不是将所有的资金都投入单一的投资项目中。这样做的好处是显而易见的，因为当投资者的资金分散在多个投资项目中时，他们对任何单一投资的表现就不再那么敏感。

首先，如果投资者只有一个投资标的时，那么这个标的表现就决定了投资者全部的投资收益。如果这个投资表现不佳，那么投资者可能会面临严重的损失。然而，如果投资者将资金分散到多个投资标的中，那么即使其中的一个或几个投资表现不佳，其他投资的良好表现也可以弥补这些损失，从而保持投资组合的整体稳定性。

其次，多元化投资还为投资者提供了更广阔的投资机会。由于不同类型的投资，如不同行业、不同地区和不同资产类别的投资，都有其独特的特点和表现，因此，通过多元化投资，投资者可以参与到更多的市场中，从而获得更多的收益机会。

最后，多元化投资还可以帮助投资者平衡回报和风险。由于不同类型的投资在不同的市场环境下可能会有不同的表现，因此，通过将资金分散到多个投资标的中，投资者可以在保持整体投资组合收益的同时，降低投资组合的波动性，从而实现回报和风险的平衡。

提高回报

通过采用多元化投资策略，投资者能够将资金分布到多个不同的领域和行业之中，这样做就是为了探索和把握更多的投资机遇。在实际操作中，不同的行业和资产类别往往呈现出不同的表现，这就意味着一些特定的投资可能会带来较高的收益，从而有助于提升整个投资组合的总体回报。

不同行业和资产类别的表现是受各自特有的市场因素和经济环境所影响的。在某些特定的时期，某些行业或资产类别可能会展现出卓越的表现。与此同时，其他行业或资产类别的表现可能就会显得相对平稳或者出现下滑。因此，通过将资金分散到不同的行业和资产类别中，投资者就能够在不同的市场环境中捕捉到更多的投资机会，进而提高整体投资组合的回报。

多元化投资还可以为投资者提供更多的机会，以捕捉市场的涨幅。由于在不同的市场环境下，不同的行业和资产类别可能会有不同的表现。因此，通过在多个不同的行业和资产类别中进行投资，投资者就有更多的机会可以分享到整个市场的涨幅，从而提高整体投资组合的回报。

应对市场波动

在金融市场中，各种行业和资产类别的表现往往受各自特有的市场因素的影响。这些因素可能包括经济周期、政策变化、技术创新、消费者偏好等，它们在不同的时间和环境中以不同的方式影响着各类资产的表现。例如，科技股可能会因为一项创新技术的推出而大幅上涨，而传统能源股则可能因为环境政策的变动而受到打压。

在复杂多变的市场环境中，投资者不可避免地需要面临市场波动带来的风险。为了有效防控这些风险，多元化投资策略成为一种普遍采用的方法。通过将资金分配到不同的行业和资产类别中，投资者可以在某个特定市场或资产表现不佳时，依靠其他市场或资产的表现来平衡整体投资组合的风险和回报。

多元化投资的核心理念在于“不要将所有的鸡蛋放在同一个篮子里”。这样一来，即使某个市场或资产类别遭遇不利情况，投资者的整体投资组合也不会受到致命的打击。此外，不同资产之间的相关性通常较低，这就意味着当一个市场下跌时，另一个市场可能会保持稳定或上涨，从而为投资者提供一种自然的风险调节机制。

最具价值的不是时间，而是注意力

畅销书作家李笑来老师一直是我比较喜欢和学习的对象，他认为，在通往财富自由之路上，注意力的价值比时间更为重要。

当初我看到他的这句话时，犹如醍醐灌顶，不禁拍案叫绝。

对于每个人来说，时间是一种宝贵的资源，每天只有24小时，这是一个无法改变的事实。然而，我们可以通过有效地管理和运用注意力，更好地利用这有限的时间，从而为实现财富自由的目标奠定基础。

首先，通过集中注意力，我们可以避免外界干扰，将精力投入到最重要的事情上。在工作和生活中，我们总会面临各种各样的干扰和诱惑，例如社交媒体、电商平台等，这些干扰会分散我们的注意力，导致我们无法专注于重要的任务和目标。然而，如果我们能够有效地运用注意力，集中精力处理重要的工作和学习任务，就可以提高效率，更迅速地完成任务，从而节省时间和资源。

其次，注意力的有效运用还可以帮助我们更好地学习和成长。在学习过程中，集中注意力是非常重要的。通过集中注意力，我们可以学习新知识、培养新技能，也可以更加深入地理解和掌握所学内容，提升自己的能力和竞争力。无论是在职场中还是创业过程中，不断提升自己的能力，才能在激烈的竞争中脱颖而出。

此外，注意力的有效运用还可以帮助我们更好地规划和执行财务计划。财务管理是实现财富自由的重要一环。通过集中注意力分析和评估不同的投资机会，我们可以做出明智的投资决策，获取更好的回报。

同时，注意力的有效运用还可以帮助我们更好地管理和控制个人消费，避免浪费，从而积累更多的财富。合理规划和管理财务，可以帮助我们更好地实现财富自由的目标。

注意力的分配

李笑来认为，将注意力放在不同的地方会产生不同的效果。他拿一幅图画来举例，当人们将目光的注意力向上移动时，看到的是一个少女；将注意力向下移动时，看到的却是一个老太太。这就说明，我们的大脑具有神奇的能力，可以感知和理解不同的事物。

主动的全神贯注

李笑来提到，大多数人并没有培养自己的真正兴趣，同时也缺乏全神贯注的能力。于是，他将全神贯注分为被动和主动两种。被动的全神贯注来自外部的控制，比如读小说、看电影、玩游戏等。主动的全神贯注则是指将注意力集中在提升某个特定技能上。

注意力的价值

李笑来认为，注意力是一种宝贵的财富。他提出了一个概念，即正向产出的注意力。这种注意力只关注那些能够产生显著正向产

出的活动。他认为，评估注意力的价值应该基于活动产生的潜在价值，而不是时间的长短。

注意力的重要性主要体现在以下几个方面：

投资决策

在投资的广阔天地中，注意力的重要性不言而喻。对于投资者而言，这不仅仅是一种能力，更是一种必备的素质。在这个快速变化的市场中，每一个细微的变动都可能隐藏着巨大的投资机会，或是潜藏的风险。因此，投资者必须投入大量的时间和精力，去深入研究和分析各种投资机会，去理解和把握市场的动态和趋势，去识别和评估各种风险因素。

投资是一个充满挑战和机遇的领域，也是一个需要持续学习和研究的领域。市场的情况和投资的机会，都在不断地变化和发展。只有通过持续的关注和深入的研究，才能准确地把握市场的脉搏，才能发现那些被忽视却具有巨大潜力的投资机会。投资者需要投入大量的时间和精力，去阅读和理解财经新闻，去研究和分析公司报告，去解读和评估财务数据，以获取全面的信息。

然而，仅有信息和洞察力还不够，投资者还需要保持专注和冷静的心态。市场的波动和情绪的波动，都有可能对投资决策产生影响。

总体来说，投资是一个需要持续关注、深入研究、专注冷静的领域。只有通过集中注意力，才能做出明智的投资决策，获取更好的回报。

学习和成长

毋庸置疑，通往财富自由之路本身就是一条不断学习和成长的道路。

在这个快速变化的社会和经济环境中，持续学习和不断适应新的技术和趋势是非常重要的。我们需要通过投入注意力来学习新的知识和技能，以此来提升我们的专业能力，增加我们在职场上的竞争力。这不仅可以帮助我们在职场上取得更好的成果，也可以帮助我们在财务方面取得更好的收益。

同时，学习新的知识和技能，还可以帮助我们开阔眼界，拓宽思维，提高我们解决问题和创新的能力。这些都是我们在职业和财务方面取得更好成果的重要基础。此外，集中注意力在个人成长方面也非常重要。我们可以通过集中注意力来反思和评估自己的行为和决策，发现自己的优点和不足，并制订相应的改进计划。

总之，学习新知识和新技能，以及个人成长的过程中，需要我们投入大量的注意力。这种注意力的投入，可以带来诸多好处，包括提升我们的能力和竞争力，帮助我们在职业和财务方面取得更好的成果，提高解决问题和创新的能力，以及实现个人成长和进步。因此，我们应该重视注意力的投入，不断学习和成长，以适应快速变化的社会和经济环境。

专注和执行力

财富自由是许多人追求的目标，但要实现这一目标，需要坚定的决心和持续的行动。这些行动不仅仅是一时的冲动，而是需要长时间的坚持和努力。为了确保我们能够持续、有效地朝着这个目标前进，我们需要高度的专注和执行力。

首先，要实现财富自由，我们需要明确自己的目标。这并不是一个模糊的概念，而是一个具体的数字或者状态。我们需要清楚地知道想要达到的财务目标是什么，这个目标可能是一定的存款、一定的投资回报，或者是某种生活方式的改变。同时，我们还得知道，为了实现这个目标，我们需要采取什么样的路径，这个路径可能包括投资、创业、储蓄等多种方式。将目标具象化可以帮助我们更好地集中注意力，才能够清晰地看到自己的终点线。

其次，我们需要学会管理外部干扰。在现代社会，我们面临着各种各样的干扰，如手机游戏、社交媒体、电子邮件等。这些干扰会分散我们的注意力，影响我们的专注力和执行力。因此，我们需要学会将这些干扰隔离开，将注意力集中在重要的任务上。可以通过关闭手机通知、设置专注时间段、创造一个专注的工作环境等方式来管理外部干扰。

再次，我们还需要管理内部干扰。内部干扰包括焦虑、拖延、自我怀疑等情绪和心理状态，这些内部干扰会影响我们的专注力和执行力。所以，要想有效地管理内部干扰，可以采取一些方法，如设定小目标、制订详细的计划、培养良好的习惯等。同时，要学会放松和调整心态，以保持积极的心理状态。

最后，要实现财富自由，我们需要持续行动并保持专注。财富自由并不是一蹴而就的，需要我们持续地努力。通过有效地管理注意力，我们可以避免分散注意力的干扰，保持专注，更好地执行我们的计划和目标。只有坚持不懈地行动，才有可能实现财富自由的目标。

长期主义的财富观

在前面我提到过，许多人认为社会的阶层结构已经固化了，但实际上，这种观点并不完全准确。想要打破现有的社会阶层界限，向更高的阶层攀升，的确是一项充满挑战的任务，但这并不意味着社会阶层已经完全固化，没有上升的空间。

对于普通人来说，机会依然是存在的。只要我们有决心，有勇气，就完全有可能改变自己的现状。因此，我们不应该被所谓的“阶层固化”观念所束缚，而应该积极寻找和把握机会，勇敢地追求自己的目标，这就需要我们坚持长期主义的理念。

长期主义是什么？

长期主义，是一种理念，一种对财富积累的理解和态度。它强调的是持续的努力和耐心的等待，而不是期待一夜暴富。这种理念可能会让一些人感到困惑甚至质疑。他们可能会说：“长期主义虽然好，但是速度太慢，会不会让我们错过很多机会呢？”

对于这样的疑问，我想说的是，坚持和信奉长期主义的人，他们的眼光往往更加长远，他们能看到那些被短期利益所忽视的机会。这样的机会，才是真正值得我们去追求的，因为它们能带给我们的不仅仅是短暂的收益，更是持久的财富。

然而，现实中有一些人，他们总是被眼前的蝇头小利所吸引，他们急于求成，总想一夜之间就实现财富自由。这样的人，即使他们已经行走在财富自由的路上，或许也只能赚到一些小钱。因为想让自己真正实现财富自由，并不是一件容易的事。

比如，在职场中，我们总是会看到这样一种现象。有一些人，他们总是在寻找更高的薪酬，一旦发现有一个工作岗位的薪资比目前的工作高一点儿，他们便会毫不犹豫地选择跳槽。然而，这种决策往往是短视的，因为他们没有全面地比较两个工作所提供的机会和成长空间。这种行为就如同是古代寓言中的“捡了芝麻丢了西瓜”，只顾眼前的小利，却忽略了长远的利益。

还有一些人，他们为了能够积累更多的财富，不惜在繁忙的工作之余，再找一份兼职工作。他们夜以继日地工作，不惜牺牲自己的休息时间和身体健康，试图通过加倍的努力来获得更多的收入。这种做法，同样是典型的“捡了芝麻丢了西瓜”。他们可能会在短时间内增加一些收入，但从长期来看，过度的劳累可能会导致健康问题，影响职业生涯的持续发展，甚至可能因为忽视了家庭生活和个人成长，而失去了更为宝贵的人生体验。

在商场上，不同的思维方式往往会导致截然不同的结果。那些专注于小利、琐碎事务的人，可以被比喻为“捡芝麻”的人。他们的思考模式往往是短视的，缺乏宏观的视角，容易被眼前的小利益所吸引，而忽视了更为重要的长远目标。反之，那些能够把握大局、关注重要事务的人，则可以被称为“捡西瓜”的人。这类人具有更为开阔的视野，他们不会被眼前的小利所动摇，而是能够将目光投向更远大的目标，从而做出更为明智和有远见的决策。

在科技界，乔布斯就是一个典型的“捡西瓜”的人。当他重新回到苹果公司时，面对的是一个产品线庞大而杂乱的局面。公司的资源被分散在大量的项目和产品上，而这些项目和产品大多数都是微不足道的“小芝麻”。乔布斯深知，如果继续这样下去，公司将会失去竞争力，甚至面临破产的风险。因此，他采取了一个大胆而果断的行动。

乔布斯开始审视每一个项目和产品，用他的洞察力去识别哪些是真正有价值的“西瓜”。他毫不犹豫地在那些被判断为没有前景的项目和产品上画上了“叉”，这意味着这些项目和产品将被终止。经过一番筛选，只剩下寥寥可数的几个项目。乔布斯将这些选定的项目视为公司的救命稻草，他投入了大量的精力和资源，确保这些项目能够得到充分的发展和推广。

正是这种敢于放弃小利、专注于打造有潜力的“西瓜”的思维方式，使得乔布斯成功地将苹果公司从困境中拯救出来。他精简了产品线，集中了公司的资源，最终使得每一个产品都成为市场上的“西瓜”，为苹果公司带来了巨大的成功。乔布斯的这种思维方式和决策策略，不仅挽救了苹果，也成为商业世界中一个经典案例。

专注于提升自己的“捡西瓜”能力，意味着不断学习和实践，以便在竞争激烈的职场环境中脱颖而出。当一个人的能力得到提升时，他们在工作中的贡献、所承担的职责，以及他们的影响力都可能呈指数级增长。随之而来的自然是收入的增加，这是对他们努力和成长的直接回报。

然而在现实中，专注于追求小利的人却远多于那些有远见的人。如果你决定成为一个“捡西瓜”的人，你就必须准备好忍受孤独和不被理解的时刻。有些人可能会抱怨他们没有遇到“捡西瓜”的机会，但实际上，机会就在那里，是他们不具有发现“西瓜”的能力。因为他们的视线已经被眼前的“芝麻”所占据，忙于捡拾这些小东西，他们自然就无法看到更大的“西瓜”。

也许有些人会说：“虽然理解这个道理，但世界上的西瓜毕竟是少数，那么多人忙着捡，自己又为何能那么幸运地捡到呢？”

其实，大多数人就算知道了这个道理，也不一定能够把握住机会，而唯有智慧的人，才能看到芝麻后面的西瓜。

就算有再多的芝麻，也组不成通往财富自由之路。这就意味着要想取得真正的财富自由，需要更深层次的思考和行动，而不是被琐碎的事物所困扰。

指数函数的增长

我刚毕业的时候，和一位同学在外面吃饭。在吃饭的过程中，我们交换了一下各自对未来人生的看法。

同学说："唉，我什么时候才能在上海买得起房啊？"

当时我们做了一个假设，一个年轻人刚刚从大学毕业，满怀憧憬地踏入社会，他的月收入税后1万元。在当前的经济环境下，这样的月收入对于刚刚步入社会的年轻人来说，已经算是相当不错了。这样算下来，一年的收入就是12万元。

然而，当我们将这样的收入与上海的房价进行对比时，就会发现，即使是这样的"高薪"，在买房这件大事面前，也显得微不足道。所以，我们假设这位年轻人非常节省，每个月的工资都不花销，全都存起来用于购房。但即便如此，按照上海的房价，他一年存下来的钱，也只能买得起2至4平方米。

想象一下，一个年轻人，十年如一日，坚持不吃不喝，将所有的工资都存起来，只为了买房。但即便如此，十年后的他也只能买下一个卧室。

我们很快就意识到了这样计算不对，因为工资也会增长。但即便如此，这样的思考方向始终让我们倍感失落。

很多年以后我才意识到，其实一个人的收入增长，除了线性增长之外，还有指数增长。

线性增长与指数增长的区别：

增长速度不同

线性增长的增长速度相对稳定，每年的增长幅度相同；指数增长的增长速度逐渐加快，每年的增长幅度会呈指数级增长。

增长幅度不同

线性增长的增长幅度相对固定，每年的增长幅度相同；指数增长的增长幅度会随着时间的推移而迅速增加。

增长趋势不同

线性增长的趋势是相对平稳的直线增长；指数增长的趋势是逐渐加速的曲线增长。

因此，如果仅仅依赖常规的工资收入，想要达到财富自由的目标可能会遇到一些挑战。在通常情况下，工资的增长是线性的。也就是说，它的增长速度相对固定，增长幅度也有限，这样的增长速度很难满足我们对于财富自由的期待。

想要实现财富自由，我们需要考虑到财富增长的速度和时间的价值。指数增长是一种能够帮助我们实现财富指数级增长的方式，它可以让我们在更短的时间内积累更多的财富。通过将资金投入到股票市场、房地产市场或其他具有指数增长潜力的领域，我们可以获得更高的投资回报率，从而加速财富的积累过程。

然而，除了依靠指数增长，我们还需要有合理的财务规划和理性的投资决策。我们需要制定明确的财务目标，控制我们的开支，积极地进行投资，并根据我们的风险承受能力和投资知识，选择适合我们自己的投资方式，这些都是实现财富自由的重要步骤。

更需要注意的是，指数增长并不是没有风险。既然投资市场是有波动的，自然也会存在风险。因此，投资者需要有一定的风险意识和投资知识，做好风险管理和分散投资，以降低风险并提高投资回报率。我们还需要明白，实现财富自由是一个需要时间和耐心的过程，只要我们保持正确的投资理念，做好风险管理，就能够在投资的道路上走得更远，实现财富自由的目标。

当然，最重要的是，提升我们的个人能力也符合指数增长的趋势。没有人会靠着死工资发家致富，我们需要有其他的生财渠道。

◇边学边干，不要等到学会了再去干

在我们的生活中，经常会遇到这样的情况：很多人会对我说，“我对这个问题一窍不通，对那个问题也毫无头绪，我应该如何应对呢？”或者他们可能会表达出这样的忧虑：“除了在学校学到的知识，我没有掌握任何属于自己的技能。在这种情况下，我想要实现财富自由，岂不是难上加难吗？”

实际上，你并不需要因为自己目前的技能空白而感到惊慌失措。即使你现在觉得自己什么都不会，也不要过于焦虑，因为你可以一边学习，一边实践。

不要等到学会了再去干，而是要边学边干，边干边学。

当机立断，边学边干

我观察到在这个错乱纷杂的世界中，绝大多数人并不是在所有条件都具备之后才开始采取行动。相反，他们往往是在脑海中涌现出一个想法时，就会立刻着手去实践它，而不是坐等所有准备工作都做到尽善尽美。

在这个过程中，他们展现出了一种“边做边学”的精神，不断地在实践中摸索，不断地对原有的想法进行改进和升级，就像是即兴表演的演员，在没有完全准备好的情况下也能够上演精彩的戏码。

这种行动先行的方式，实际上是一种非常高效的学习和成长的途径。它要求人们在面对未知和不确定性时，勇于迈出第一步。正是这些经历，让人们能够在实践中获得宝贵的经验，学会如何应对各种突发状况，如何在变化中寻找到最适合自己的发展路径。

这种行事风格，也体现了一种对于生活和工作态度的哲学思考。它告诉我们，完美是不存在的，等待所有的条件成熟就意味着错失良机。因此，我们应该更加重视过程而非仅仅是结果，享受在不断尝试和改进中前进的乐趣，这样的人生才会充满无限的可能和活力。

那些你觉得很厉害的人，最初往往和普通人无异。

行动胜于完美

在追求目标和梦想的过程中，很多人往往会陷入一种误区，那就是等待所有的条件都达到完美无缺时再开始行动。然而，这种等待往往是徒劳的，因为完美的时机和条件是很难出现的，甚至可以说是不存在的。真正重要的是拥有一颗勇于尝试的心，以及付诸实际行动的勇气。

在实践中，我们可以通过不断的学习和迭代来提升自己。每一次的尝试，无论成功与否，都是一次宝贵的经验积累。通过这些经验，我们可以更好地认识自己，了解自己的优势和不足，从而在未来的行动中做出更加明智的选择。

实践是检验真理的唯一标准。只有当我们真正投入到实践中，才能够深刻地体会到自己的能力边界在哪里，局限性又是什么。这种自我认知的过程，对于我们找到适合自己的发展道路至关重要。它不仅能帮助我们避免盲目自大，还能激励我们不断突破自我，超越现有的界限。

因此，我们不要被所谓的“完美”所束缚，不要等待所有的外部条件都成熟后才采取行动。相反，我们应该主动出击，勇敢地迈出第一步。在行动中学习，在挑战中成长，在不断的实践中找到属于自己的那条道路，最终实现自己的梦想和目标。

持续学习和成长

成功的人们展现出一种共同的特质，那就是他们对学习的热情和积极性。这些人深知知识的力量，因此他们不断地追求新知识和新技能，以此来丰富自己的内涵和提升个人的竞争力。他们深知，

世界在不断变化，新的问题和挑战层出不穷，唯有通过不懈地学习，才能跟上时代的步伐，才能在各自的领域中保持领先。

这些成功的个体，他们不仅仅是被动地接受知识，而是主动出击，寻找各种途径和资源来获取新的信息。他们可能会阅读最新的行业报告，参加专业研讨会，或者与领域内的专家进行交流，以此来获取前沿的知识和见解。他们明白，只有不断地吸收新知，才能在激烈的竞争中脱颖而出。

此外，成功的人们也懂得如何将新学到的知识和技能转化为实际的能力。他们不仅仅是理论上的学习者，更是实践者。他们会将新知识应用到实际工作中，不断试错，不断优化，寻找到最有效的方法。这种学以致用的过程，不仅加深了他们对知识的理解和掌握，也使他们能够更好地适应不断变化的工作环境和市场需求。

接受失败和挑战

在人生的旅途中，无论是个人还是职业发展，成长和成功总是我们追求的目标。然而，这条通往顶峰的道路并非一帆风顺。在这个过程中，我们不可避免地会遇到挫折、失败，以及各种形式的挑战。虽然这些艰难时刻可能会让我们感到沮丧和失落，但它们也是我们成长不可或缺的一部分。

成功的人们更是深知这一点，他们不会因为失败而放弃，也不会让挑战成为阻碍他们前进的障碍。相反，他们会从每一次的失败中吸取宝贵的教训，将其视为自我提升的催化剂。他们勇敢地面对这些挑战，不断地寻找和尝试解决问题的新方法和策略。这种积极的心态使他们能够不断地适应环境，克服困难，最终达到成功。

对于这些坚韧不拔的人来说，失败并不是终点，而是一个新的开始。他们将失败看作是一次学习的机会，一个可以让他们更加了解自己的弱点和不足的时刻。通过这种方式，他们能够调整自己的方向，改进自己的方法，从而在未来的尝试中更接近成功。

不断迭代和改进

成功的人们具有一种永不满足的心态，他们不局限于当前的成就，而是持续地追求更高的目标和更大的进步。这种对卓越的渴望驱使他们不断地寻求改进和完善自己的方式和方法。

这些不断追求成功的人会经常性地对自己的行为和策略进行反思，他们会审视自己过去的决策，并从中吸取教训。为了保持竞争力和效率，他们必须不断地调整自己的方法和策略，以适应不断变化的环境和日益增长的需求。

在这个过程中，他们会不断地迭代自己的行动计划，通过实践来检验各种方法的有效性。他们认识到，只有通过不断尝试和修正，才能找到最佳的行动方案。这种持续的改进过程，不仅有助于他们在各自的领域内提升能力，还能够提高他们的工作效率和生活质量。

众所周知，停滞不前就意味着落后。因此，想要获得成功的人，就要保持不断学习和成长的心态。只有坚持寻找新的知识和技能，才能够更好地应对未来的挑战。

善于学习的人更易成功

在当今社会，当我们提及某人实现了财富自由。实际上，我们是在表达这样一个观点：这个人已经在经济层面上达到了一种相对独立和自主的状态，这种状态在很大程度上被视为是成功的标志。这种成功不仅仅是指拥有足够的物质财富，更是对个人能力、智慧和努力的一种肯定。

当我们深入探讨那些历史上获得财富自由的人的生平，我们会发现，他们之间存在一个显著的共性。这个共性不是偶然的，而是他们成功的关键因素之一。那就是他们对学习的热爱、对知识的渴望，以及不断学习的精神。他们不仅善于学习，而且勇于将所学应用到实践中。更重要的是，他们从不畏惧学习过程中可能遇到的困难和挑战。

然而这里所说的学习，并不局限于传统的学校教育或者课堂学习。它涵盖了更广泛的意义，包括自我教育、终身学习、实践经验的积累以及对生活的洞察。这种学习态度和习惯，使得他们在面对变化莫测的世界时，能够快速适应和应对各种情况。通过不断地学习，他们不仅积累了丰富的知识和技能，更重要的是培养了一种解决问题的思维方式。这种思维方式使他们能够在复杂的环境中找到机会，从而实现了财富自由。

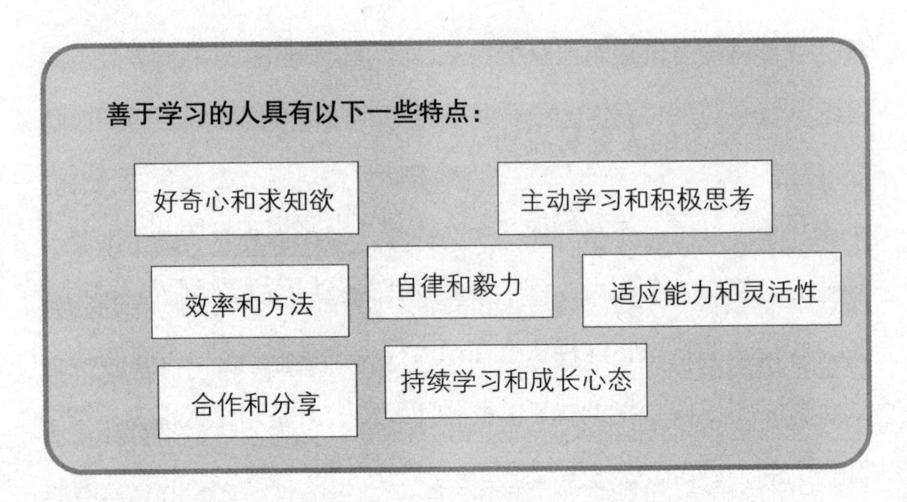

乔布斯

乔布斯是一个非常出色的典范，他不仅是苹果公司的联合创始人，更是商业界和创新领域的杰出领导者。乔布斯凭借其独特的设计理念和卓越的产品创新能力，推出了一系列广受欢迎的产品，如iPhone、iPad和Mac电脑等，这些产品不仅改变了我们的生活方式，也引领了科技行业的发展趋势。

乔布斯的成功并非偶然，他的成功在很大程度上得益于他对知识的渴望，以及对卓越的不懈追求。尽管乔布斯没有接受过正规的大学教育，但他通过自学和实践，提升了自己的技能和知识水平。他广泛涉猎各种领域的知识，包括艺术、设计、科技和商业等，从中汲取灵感和启发，为他的产品设计和创新提供了丰富的素材。

乔布斯非常注重产品的细节和用户体验，他总是与设计团队紧密合作，追求产品的完美和简洁。他善于观察和倾听用户的需求，将这些洞察力应用于产品的开发和改进中，使得苹果的产品总能在满足用户需求的同时，提供卓越的用户体验。

然而，乔布斯的道路并非一帆风顺，他也经历了许多挫折和失败。但正是这些挫折和失败，让他吸取了教训，不断地调整和改进自己的方法。他坚信，只有通过不断的学习和迭代，才能创造出真正卓越的产品和服务。这种对卓越追求的精神，使乔布斯成为商业界的传奇人物，也为后来的创业者提供了宝贵的经验和启示。

奥普拉·温弗瑞

奥普拉·温弗瑞是一位在学习和成长的道路上永不止步的杰出人物。她不仅是美国家喻户晓的脱口秀节目主持人，还是多才多艺的演员和制片人。在创业之旅和职业发展过程中，她总是展现出一种积极向上的学习态度和不懈的求知精神。

年轻时期的奥普拉就已经对知识产生了浓厚的兴趣。她在田纳西州立大学攻读演讲和戏剧专业，并凭借着卓越的表现获得了全额奖学金。这段学习经历为她日后成为一名杰出的电视新闻节目主持人打下了坚实的基础。

在奥普拉的职业生涯中，她始终坚持不懈地学习和提升自己的能力。她在电视行业中积累了丰富的经验，并通过不断地学习和实践，提高自己的主持和表演技巧。她还积极参加各种培训和学习活动，不断拓宽自己的视野，积累知识。

除了自身的学习和提升，奥普拉还非常注重从他人身上汲取智慧。她与许多成功人士进行交流和合作，从他们身上吸取经验和智慧。她还经常邀请各行各业的专家和知名人士来到自己的节目中，分享他们的经验和见解。

最为重要的是，奥普拉始终保持着谦虚的态度，她愿意接受批评和反馈，并从中吸取教训。她坚信，学习是一个持续的过程，没有终点。这种积极上进的学习态度和持续学习的精神，使奥普拉成为一个优秀且卓越的人。

调整心态，留有一定的余钱

无论我们处于何种经济状况，都应该遵循一个基本原则：始终保持一定的经济储备，以应对可能出现的紧急情况或不可预见的事件。这种做法不仅是一种谨慎的财务管理策略，也是对未知未来的一份必要准备。

生活中充满了不确定性，我们无法预测何时会遇到所谓的“黑天鹅”事件——那些罕见、影响深远且难以预测的情况。这些事件可能包括突发的健康问题、意外的失业、家庭紧急情况，或其他任何可能导致重大财务压力的情形。如果我们没有为自己留下足够的经济缓冲，面对这些紧急情况时，我们可能会感到极大的压力和焦虑，这种心理压力可能会导致我们的判断力受到影响，使我们在关键时刻做出非理性甚至是错误的决策。

当人们处于财务困境时，他们可能会急于寻求解决问题的方法，这种急迫感有时会促使其采取高风险的财务行为，如寄希望于借贷或投资高风险项目，希望能够快速扭转局面。然而，这些决策往往是基于短期的考虑，而没有充分考虑长远的后果。这样一来，不仅无法有效地解决当前的危机，还可能加剧财务困境，甚至产生无法挽回的损失。

因此，保持一定的经济储备不仅是个人财务安全的重要保障，也是一种对未来负责的态度。这样做可以帮助我们在面对突发事件时保持冷静，避免在压力之下做出可能导致更大损失的决策。有了这样的经济缓冲，我们可以更加理性地评估情况，选择最佳的应对策略，从而保护我们的财产安全，避免因为一时的冲动而满盘皆输。

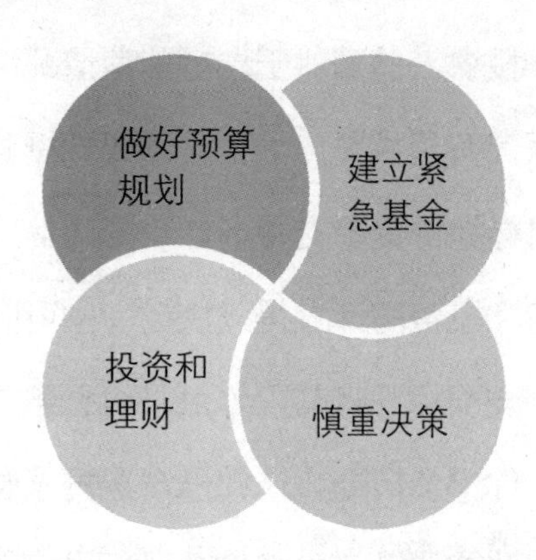

做好预算规划

为了确保个人或家庭的财务健康，制定一个合理的预算计划是至关重要的。

首先，你需要详细记录并评估收入来源，包括工资、奖金、兼职收入或其他任何形式的现金流入。了解你的月度或年度收入总额，是预算制订的第一步。

其次，你需要列出所有必要的开支，包括房租或房贷、公共事业费用、食品和日用品、交通费用、保险费用，以及任何其他必须支付的费用。在这一步骤中，务必要诚实地评估每一项开支，避免低估或忽略某些费用。

再次，在列出所有必要的开支后，你的目标应该是确保你的总收入能够覆盖这些开支。如果发现收入不足以覆盖这些支出，你可能需要重新考虑你的开支，找出可以削减开支的地方，或者寻找增加收入的方法。

最后，一旦你的收入能够覆盖所有必要的开支，就要留出一部分资金作为储蓄和投资。储蓄对于应对紧急情况、未来的大额支出（如教育费用、医疗费用或退休）至关重要。投资则可以让你的资金增值，为长期目标提供资金支持。

为了确保储蓄和投资的计划得以执行，你可以在预算中设立一个“储蓄和投资”类别，并将其视为每月的必要开支。这样一来，每次收入到账时，你都会自动将一部分资金转入储蓄账户或投资账户，从而养成定期储蓄和投资的好习惯。

建立紧急基金

在个人财务管理中，采取预防措施是至关重要的。最为明智的做法是将一部分资金专门用于建立一个紧急基金，这样的基金可以在不可预见的情况下为你提供必要的财务支持。而建立紧急基金的主要目的是确保在遭遇突发事件或紧急情况时，你能够迅速获得资金，而不必承受沉重的财务压力或不得不采取极端的财务措施。

例如，如果你突然失业或者遇到重大医疗问题，没有紧急基金可能会导致你不得不借贷或出售资产以支付相关费用。这不仅会增加你的财务负担，还可能会对你的长期财务健康产生不利影响。相反，如果你有一个充足的紧急基金，你就能够更加从容地应对这些情况，避免因财务问题而感到绝望或崩溃。

建立紧急基金的过程需要时间和纪律。你可以在做好预算规划的前提下，从每月的收入中抽出一小部分，逐步建立起这个基金。虽然开始时可能会感到有些困难，但随着时间的推移，这个基金将逐渐增长，并最终成为你在财务上的安全网。需要记住的是，紧急基金的目标是提供足够的资金来应对紧急情况，而不是用来处理日常的开销或不必要的消费。

慎重决策

在我们面临任何可能影响财务状况的重大消费决策时，采取一种深思熟虑和审慎的态度是至关重要的。在决定是否进行这笔开销

之前，我们应该投入时间和精力去仔细思考和评估这个决策的所有方面。这就意味着我们需要问自己一些关键问题，比如：我是否真的需要这个物品或服务？它对我来说是不是必不可少的？它是否会给我的生活带来长期的价值和满足感？

此外，我们还需要确保所考虑的购买行为与我们的个人财务目标保持一致。包括评估这次购买是否会对我们的长期储蓄计划、投资目标或债务管理策略产生负面影响。与此同时，我们还需要考虑到这个物品或服务的成本，以及它是否符合我们的预算和财务规划。

在这个过程中，我们还应该考虑其他可能的选择，比较不同的产品和服务，以确保我们得到最好的交易和最适合我们需求的解决方案。这可能需要我们做一些市场调查，阅读消费者评价，或者咨询财务顾问的意见。

通过这种全面的思考和评估，我们可以做出明智的消费决策。这些决策不仅满足我们当前的需求，而且有助于我们实现长期的财务安全和繁荣。这样一来，我们就能够确保自己的购买行为与我们当前的财务状况相匹配，而不是一种不必要的负担。

投资和理财

为了实现财务增长，将部分资金投入到各种理财产品或股票市场中是一个明智的选择。这样做不仅有助于分散你的投资组合，还能为你带来额外的财务收入，从而增强你的经济安全感，提高未来财务自由的可能性。

然而，在开始投资之前，你要确保对自己的投资选择有充分了解。这就意味着你需要花时间和精力，去研究不同的理财产品和股票市场的运作方式，包括它们的风险管理策略、潜在的回报率，以及市场的整体趋势。了解这些信息，可以帮助你做出更明智的投资决策，以减少不必要的风险。

此外，由于投资领域复杂多变，寻求专业建议也是非常必要的。专业的财务顾问或投资专家会根据你的财务状况、投资目标和风险承受能力，为你提供定制化的建议。他们可以帮助你评估不同的投资机会，制订合适的投资策略，并指导你如何管理投资组合，以实现最佳的财务效益。

留得青山在，不怕没柴烧

我们需要明白，财富自由并非一蹴而就，它需要一个过程，需要我们付出时间、精力和心血。在这个过程中，我们可能会遇到各种困难和挑战，有时候，我们可能会面临失败甚至是破产。这些挫折和困难，就像是道路上的石头和坑洼，让我们的步伐变得异常艰难。

财富自由之路上的曲折和困难，往往会对我们的心理产生巨大的影响。

很多人在追求财富自由的过程中，可能会遭遇财富的急剧缩水，这种情况会让人感到绝望和无助。在这关键时刻，拥有良好的心态变得非常重要。

简而言之，我们要有“留得青山在，不怕没柴烧”的心态。

丹尼尔·克雷格

丹尼尔·克雷格是一位在英国出生的才华横溢的演员，他因在《007》系列电影中饰演那位标志性的特工詹姆斯·邦德而闻名遐迩。这一角色不仅让他成为家喻户晓的电影明星，也为他赢得了无数影迷的喜爱和尊敬。

然而，克雷格的成功之路并非一帆风顺。在他的早年职业生涯中，他曾经遭遇了严重的财务问题，甚至一度陷入了破产的境地。这段艰难的时期，对于任何人来说都是一次巨大的挑战，但克雷格并没有因此屈服于命运的打击。相反，他展现出了非凡的韧性和坚定的决心，拒绝让逆境摧毁他的演艺梦想。

在经历了财务困境之后，克雷格没有选择放弃，而是继续坚持自己的演艺事业。他接受了饰演各种小角色的机会，不断地磨炼自己的演技，同时也积累了宝贵的表演经验。正是这种不懈的努力和对艺术的执着追求，最终帮助他在众多竞争者中脱颖而出，赢得了扮演詹姆斯·邦德的机会。

当克雷格首次以詹姆斯·邦德的身份出现在银幕上时，他的表演不仅赢得了观众的喝彩，也得到了影评人士的高度评价。他的邦德形象被认为是既具有传统的英伦绅士风度，又带有现代感和新黑暗风格的独特诠释。随着系列电影的成功，克雷格的名字与詹姆斯·邦德这一角色紧密相连，他也因此成为一位备受赞誉的国际电影明星。

沃尔特·迪士尼

沃尔特·迪士尼这位名字响彻全球的娱乐巨头，是迪士尼公司的创始人之一，他的成功故事激励了无数人。然而，在迪士尼先生取得如此辉煌成就之前，他的人生之路并非一帆风顺。实际上，他在事业初期遭遇了一连串的挑战和挫折，包括多次失败和破产的磨难。

在沃尔特·迪士尼的早期职业生涯中，他曾经历过一次特别痛苦的失败，那就是他的第一家动画公司的破产。这家公司承载着他的梦想和希望，但由于种种原因，它未能幸存下来。对于许多人来说，这样的打击可能是终结性的，但对于迪士尼先生来说，这仅仅是他传奇生涯的一个转折点。

面对失败，迪士尼先生并没有选择放弃，而是从挫折中汲取了教训，重新站了起来。他的决心和不屈不挠的精神，以及对艺术和创新的热爱，推动他继续前进。经过不懈的努力和创新，他最终与兄弟罗伊·迪士尼一起创办了迪士尼公司，开启了一个全新的篇章。

如今，迪士尼公司已经成为全球最大的娱乐公司之一，它的业务涵盖了电影、电视、主题公园和各种消费品，其影响力遍及全球。迪士尼的品牌已经成为质量和创意的代名词，而沃尔特·迪士尼也因为对动画艺术的贡献，以及对整个娱乐产业的影响，被誉为动画界的传奇人物。

失败不可怕，可怕的是从此一蹶不振。

想要踏上财富自由之路，更多的时候需要我们拥有一颗强大的内心。

第四章
让理财成为你的“左膀右臂”

资产如何保值与增值？

在当今社会，理财已经成为一个热门话题。然而，很多人对于理财的理解存在着一定的误区。他们普遍认为，理财的唯一目的就是赚取更多的金钱，以达到财富自由的终极目标。实际上，理财并不局限于单纯的赚钱行为，它的内涵远比这个目标要丰富得多。

理财的功能：

投资实物资产

实物资产，包括房地产、黄金以及各种收藏品等，通常被视为在经济波动和通货膨胀时期的一种较为稳健的投资选择。这些资产类型之所以受到投资者的青睐，是因为它们具备在一定程度上抵御

货币贬值的能力，从而为投资者提供了一种资产保值的途径。

房地产

房地产，作为实物资产的一个重要组成部分，通常被认为是一种长期稳定的投资。随着城市化进程的推进和人口的增长，优质地段的房产往往能够保持其价值，甚至在市场需求旺盛时实现增值。此外，房地产还可以通过出租获得租金收入，从而为投资者提供额外的现金流，有助于人们应对通货膨胀所带来的影响。

房地产投资的一个显著特点是：在通常情况下，它需要较长的时间来实现投资回报，这是因为房地产交易往往涉及大量的资金和复杂的法律程序，使得买卖过程相对缓慢。因此，房地产并不是那种可以迅速买卖以获取短期利润的资产，它的流动性相对较低，这意味着投资者在短期内可能难以将房产转换为现金。

然而，正是由于房地产的这种低流动性特性，使它成了一种抵御通货膨胀的有效工具。在通货膨胀的经济环境下，货币的购买力会下降，而实物资产如房地产的价值则往往能够维持其原有水平，甚至随着物价的上涨而增值。这是因为房地产通常与物价水平挂钩，租金和房价往往会随着通货膨胀而调整，从而为房地产投资者提供了一定程度的保护。

黄金

黄金，作为一种传统的贵金属，历来被视为财富的象征和避险资产。在经济不确定性增加或通货膨胀预期上升的时期，黄金往往能够保持其价值，甚至实现价格上涨。这是因为黄金具有稀缺性和普遍认可的价值，使其成为全球投资者寻求资产安全的重要选择。

在全球经济不确定性增加的情况下，黄金作为一种避险资产，常常被投资者视为财富的避风港。由于黄金的供应相对有限，它能够在一定程度上抵御货币贬值的风险，因此在通货膨胀期间，黄金的价格就会上涨，从而为持有者提供了一种保护资产价值不受损失的手段。

对于有意投资黄金的人来说，有多种方式可以持有黄金。其中，购买金条和金币是最直接的形式，这些实物黄金可以直接购买并储存，为投资者提供了一个切实可行的投资选择。此外，随着金融市场的发展，黄金交易所交易基金（ETF）也成为投资者参与黄金市场的一种流行方式。黄金 ETF 通过追踪黄金价格的变动，允许投资者在不直接持有实物黄金的情况下，通过股票市场来买卖黄金，这种方式提供了更高的流动性和便利性。

无论是选择实物黄金还是黄金 ETF，投资者都可以通过持有黄金来分散投资组合风险，增强资产的抗通胀能力，并在经济动荡时期保护自己的财富。因此，黄金不仅是一个历史悠久的财富象征，也是现代投资者的重要工具。

收藏品

收藏品，如艺术品、古董、稀有硬币和邮票等，也是实物资产的一部分。这些收藏品的价值，往往与它们的稀缺性、历史价值，以及市场上的需求紧密相关。稀缺性使得某些收藏品成为市场上的珍品，而历史价值则为其增添了文化和教育的分量，市场需求则是决定其流通和价格的关键因素。

然而，投资收藏品并非易事，它要求投资者具备相当的专业知识和鉴别能力。对于艺术品，投资者需要了解艺术史、艺术流派、艺术家的背景等信息；对于古董，需要对历史时期、制作工艺、材料等有所研究；对于邮票和钱币，则要求投资者熟悉其发行背景、印刷技术、保存状况等。缺乏这些知识，投资者可能会面临购买到赝品或者高估了收藏品价值的风险。

此外，收藏品市场波动较大，价格受多种因素影响，包括经济环境、政治局势、流行趋势等。这意味着投资者在进入这一市场时，需要谨慎评估风险，做好充分的市场调研，并考虑自身的财务状况和风险承受能力。投资收藏品不应仅仅基于短期的价格波动来决策，而应有长远的眼光，考虑到长期的价值保持和增长潜力。

分散投资组合

通过精心构建一个多元化的投资组合，涵盖股票、债券、基金和不动产等多种资产类型，投资者能够有效地分散投资风险。这种策略的核心思想在于，不同类型的资产在不同的市场条件下表现出不同的走势，这种差异性为投资者提供了一种自然的保护机制，减少了因单一市场或资产表现不佳而可能导致的整体财富损失。

股票市场，作为一个充满活力的投资领域，以其潜在的高回报吸引着众多的投资者。股票投资不仅可以带来股息收入，还可能实现资本的增值。然而，股票市场也以其波动性著称，这意味着投资者可能会面临较高的市场风险。

与此相对的是债券市场，它通常被视为更为稳定的投资选择。债券投资为投资者提供了一系列固定的利息收入，这可以作为投资组合中的稳定收益来源，为投资者提供一定程度的财务安全感。

基金投资则提供了另一种多样化的途径，允许投资者通过单一的投资工具，即可接触到多种资产类别。无论是股票基金、债券基金还是混合型基金，它们都能够帮助投资者分散风险，同时享受由专业管理团队带来的潜在收益。

不动产投资，尤其是房地产，是另一种受欢迎的投资方式。它不仅能够提供稳定的租金收入，还能实现资产的增值。尽管房地产市场也有其自身的周期性波动，但与其他类型的资产相比，它能够提供更稳定的收益。

购买通胀保护投资产品

在金融市场中，投资者面临着多种风险，通货膨胀就是其中之一。通货膨胀会导致货币购买力下降，从而侵蚀投资回报。为了应对这一挑战，金融专家设计了一些特殊的金融产品，旨在保护投资者免受通胀的负面影响。

通胀挂钩债券（Treasury Inflation-Protected Securities，简称TIPS）就是一种受欢迎的工具。这种债券的独特之处在于其本金和利息支付与消费者价格指数（CPI）紧密相关，即与通货膨胀率挂钩。当通胀上升时，TIPS的本金会相应调整，以反映价格水平的变化。这就意味着，即使面临通货膨胀，投资者的购买力也不会受到太大影响，因为 TIPS 的回报会自动调整以抵消通胀的影响。

除了 TIPS，还有其他一些通胀保护工具，如通胀互换协议、通胀挂钩定期存款等。这些工具的共同特点是它们的回报与通货膨胀率直接相关。例如，某些银行可能会提供与通胀指数挂钩的定期存款账户，其利率会随着通胀率的上升而增加，从而为存款人提供额外的保护。

通过投资这些通胀挂钩的金融产品，投资者可以在一定程度上避免通胀对其资产的侵蚀。然而，需要注意的是，虽然这些产品可以提供通胀保护，但它们也可能涉及其他风险，如市场波动、信用风险等。因此，投资者在选择时应仔细考虑自己的风险承受能力和投资目标。

利用外汇对冲

对于跨国公司或投资者而言，外汇市场的波动性是一个重要的风险因素，因为它直接影响到跨国交易和投资的盈利能力。汇率的不稳定可能会导致资产价值的显著波动，从而对跨国公司的财务状况和投资者的投资回报产生不利影响。为了缓解这种风险，一种有效的策略是采用外汇对冲。

外汇对冲策略是一种旨在保护公司或个人免受汇率变动影响的方法。这种策略通常涉及使用金融工具，如期货合约、期权和掉期等，来锁定当前的汇率。通过这种方式，即使未来的汇率发生不利变化，也能确保资产的价值不受损失。

例如，一个跨国公司可能会在未来某个时间点需要将外币兑换回本国货币，以支付债务或进行其他财务活动。为了避免未来汇率变动带来的不确定性，公司可以通过购买期货合约来锁定当前的汇率。这样一来，无论未来汇率如何变化，公司都能按照预定的汇率进行货币兑换，从而避免了汇率波动可能带来的损失。

投资者也可以利用外汇对冲策略来保护他们的投资组合。例如，如果一个投资者持有大量外国资产，他们可能会担心本币相对于这些资产的货币贬值。在这种情况下，投资者可以通过购买适当的对冲工具来保护自己的投资价值，确保即使汇率发生变化，他们的投资也不会受到负面影响。

定期重新评估投资组合

在当今这个快速变化的市场环境中，投资者需要面临不断变化的经济形势和市场波动。因此，对于投资者来说，定期审视和调整他们的投资组合变得至关重要。这不仅有助于确保投资组合能够适应当前的经济环境，而且还能够确保投资策略与个人的财务目标保持一致。

首先，市场状况的变化可能会对投资组合的表现产生重大影响。例如，利率的变动、通货膨胀率的波动、政策变化以及全球经济的不确定性，都有可能会影响资产的价值和回报。因此，投资者需要密切关注这些因素，并据此调整他们的投资组合，以求回报最大化并降低风险。

其次，定期审视投资组合也有助于确保投资策略仍然符合投资

者的财务目标。随着时间的推移，个人的财务状况、收入水平、支出需求，以及对风险的承受能力都可能会发生变化。因此，投资者需要定期评估他们的财务目标，并相应地调整投资组合，以确保其能够支持这些目标。

最后，定期审视投资组合还能够帮助投资者识别和修正潜在的问题。例如，某些资产可能表现不佳，或者投资组合可能过于集中在某一特定领域，从而增加了风险。通过定期检查，投资者可以及时调整投资组合，以减少损失并提高整体的投资效率。

投资于高股息股票

对于投资者来说，选择那些能够提供稳定且相对较高股息收益的股票，是一种明智的策略。尤其是在面对通货膨胀的情况下，股息收入作为股票投资的一种回报形式，具有独特的优势，它能够在一定程度上帮助投资者抵御通货膨胀的侵蚀。

首先，股息是公司将其盈利的一部分以现金或股票的形式分配给股东的过程。当一家公司的盈利能力较强且有稳定的现金流时，它更有可能向股东支付较高的股息。这样的公司通常在业务运营上较为成熟，且拥有一定的市场地位，能够在经济波动中保持稳定的表现。因此，选择这样的股票，可以为投资者提供一个相对稳定的收入来源。

其次，股息收入通常会随着通胀的上升而增加。这是因为许多公司在制定股息政策时，会考虑到通胀因素。当通胀上升时，公司的运营成本也会随之增加，为了维持或增加股东的购买力，公司可能会提高股息支付水平。这种调整有助于保持股息收入的实际价值，从而为投资者提供一种保护机制，使其免受通胀的负面影响。

最后，股息收益还具有税收优势。在某些国家和地区，股息收入的税率可能低于资本利得税。这就意味着，与出售股票获得的资本利得相比，股息收入可能更为有利。这一点对于长期投资者尤其重要，因为他们可以通过持续收取股息来增加投资组合的总回报。

然而，值得注意的是，选择高股息收益的股票并不意味着忽视其他因素。投资者在选择股票时，应综合考虑公司的财务状况、盈利能力、行业前景以及宏观经济环境等多个方面。一个均衡的投资组合应该包括不同类型和风险水平的股票，以实现风险分散和最大化回报。

考虑使用金融衍生品

金融衍生品，特别是期权和期货合约，是金融市场中用于管理资产价格波动风险的重要工具。这些金融工具允许投资者通过建立对冲头寸来锁定资产的未来价格，从而减少或消除由于市场价格波动可能导致的损失。然而，有效地使用这些金融衍生品进行对冲，并不是一件简单的事情，它要求投资者具备深厚的专业知识和精湛的风险管理技能。

期权是一种给予买方在未来某个特定时间以特定价格买入或卖出某个资产的权利的合约。期货合约则是一种法律协议，承诺在未来的某个时间以特定的价格买卖某种资产。这两种合约都可以用于对冲，即通过在金融市场上建立一个与现有资产头寸相反的头寸，来抵消潜在的不利价格变动的影响。

例如，某家企业可能担心原材料成本的上涨，可以通过购买期货合约来锁定未来的购买价格。如果市场价格上升，期货合约的价值也会上升，从而抵消了现货市场上成本的增加。同样，一个持有大量股票的投资者可能会担心市场下跌，可以通过购买看跌期权来对冲这种风险。如果股票价格下跌，期权的价值会上升，从而减少投资组合的整体损失。

然而，这种对冲策略的实施需要对金融市场有深入的理解，包括对衍生品定价、市场动态以及风险管理原则的熟悉。投资者需要能够评估市场条件，预测价格变动，并计算对冲头寸的最佳规模。此外，他们还需要能够监控市场变化，适时调整对冲策略，以确保风险得到有效管理。

增加现金持有量

在面对经济环境的不确定性或在通货膨胀的背景下，保持一定量的现金或现金等价物是一种明智的财务策略。这种做法的优势在于，它可以确保个人或企业在需要时能够迅速获得资金，从而满足短期的资金需求。尤其在紧急情况下，这种流动性的优势显得尤为重要。

此外，持有现金或现金等价物也提供了一种安全性的保障。在经济动荡或通货膨胀的情况下，许多其他类型的资产，如股票、债券或房地产，可能会受到市场波动的影响，导致其价值下降。

然而，现金作为一种普遍接受的交换媒介，通常不会受到这种市场波动的影响。尽管在某些情况下，通货膨胀可能会导致现金购买力下降，但在短期内，持有现金仍然是一种相对安全的选择，因为它能够提供即时的支付能力和避免资产贬值的风险。

债务管理

就目前而言，债务管理已经成为个人财务管理中的一个重要组成部分。合理地管理债务不仅能够帮助个人维持良好的信用记录，还能够确保财务安全，避免因债务问题而带来不必要的压力。在这方面，最关键的建议是避免高利率贷款。

高利率贷款意味着借款人需要支付更多的利息，这无疑会增加还款的负担。随着时间的推移，这些高额的利息支付可能会侵蚀个人的财务状况，甚至可能导致资产价值的下降。因此，合理管理债务的一个核心原则就是尽可能选择低利率的贷款选项，或者通过债务重组和谈判来降低现有的利率。

通过这样的方式，借款人可以显著减少支付的利息总额，这不仅能够减轻还款的压力，还能够保护和增加个人的净资产。当支付的利息减少时，更多的资金可以用于偿还本金，从而加速债务的清偿过程。此外，减少利息支付还可以为个人提供更多的资金，有助于资产的增长和保值。

保险规划

通过精心挑选并购买合适的保险产品，例如人寿保险、财产保险以及其他相关保险，我们可以有效地保护自己的资产不受意外事件带来的潜在损失。这些保险产品的设计初衷就是为了提供一种风

险管理机制，帮助个人和家庭在面对不可预见的紧急情况时，能够减轻经济负担，确保财务安全。

人寿保险，作为最常见的保险形式之一，旨在为保险持有人及家庭成员或指定受益人提供经济保障。在保险持有人生重病，或因疾病、事故或其他原因不幸去世的情况下，保险公司将按照合同条款支付一定数额的赔偿金，以缓解家庭可能面临的财务困境。

财产保险，则是针对个人或企业的财产，如房屋、汽车、商业设备等，提供相应的保护。这种保险通常覆盖因火灾、盗窃、自然灾害，或其他意外事件导致的财产损失或损坏。通过财产保险，保险持有人可以确保在不幸事件发生时，他们不会因为重建或替换受损财产而承担沉重的经济压力。

除了人寿保险和财产保险，还有其他多种保险产品，如健康保险、旅行保险、责任保险等，每一种产品都针对不同的风险和需求设计。选择合适的保险产品并进行适当地投保，是维护个人和家庭资产安全的重要策略。

理财产品有哪些分类？

通往财富自由之路离不开理财，然而市场上的理财产品种类繁多，从传统的储蓄存款、债券投资，到股票、基金、保险，再到近年来兴起的各种互联网金融产品，如P2P借贷、数字货币等，琳琅满目的选择让人目不暇接。这些产品各有各的优势和风险，它们的功能和特点也各不相同，适合不同投资者的需求和风险承受能力。

对于普通投资者来说，面对如此众多的理财产品，往往会感到困惑和无助，就像初次走进一家大型商场，眼前的商品琳琅满目，却不知道每一件商品的用途和品质。普通投资者可能对这些理财产品的了解不够深入，不清楚每种产品的具体功能和特点，比如哪些产品更适合长期投资，哪些产品的风险较低，哪些产品可能会带来较高的收益等。

因此，为了走上通往财富自由之路，投资者不仅需要提升自己的理财知识和能力，还要了解各种理财产品的功能和特点。

按投资标的分类：

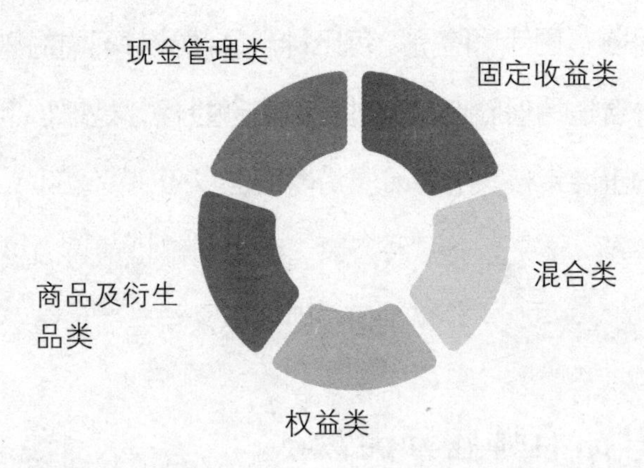

1. 现金管理类（货币基金）：主要投资于现金、存款、同业存单等短期高流动性的资产。

2. 固定收益类（债券型）：主要投资于债券等固定收益类

资产。

3. 混合类（混合型）：既包含固定收益类资产，也包含权益类资产，如股票、债券等。

4. 权益类（股票型）：主要投资于股票等权益类资产。

5. 商品及衍生品类：主要投资于商品、期货等相关资产。

按运作方式分类：

1. 开放式理财产品：投资者可以随时申购和赎回，份额可以灵活变动。

2. 封闭式理财产品：在募集期内申购，到期后赎回，期间无法变动份额。

按风险等级分类：

1. 低风险理财产品：如货币基金、银行存款等，风险相对较低。

2. 中风险理财产品：如债券型基金、混合型基金等，风险适中。

3. 高风险理财产品：如股票型基金、权益类基金等，风险较高。

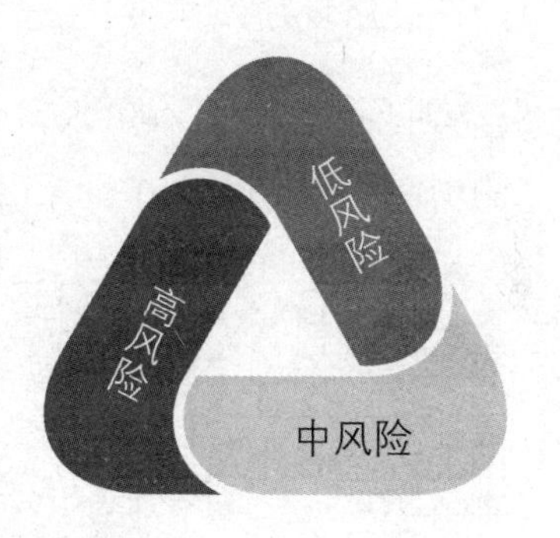

按期限分类：

1. 短期理财产品：期限一般在 1 年以内。

2. 中长期理财产品：期限一般在 1~5 年之间。

3. 长期理财产品：期限一般在 5 年以上。

存款类产品

存款类产品是金融投资领域中最为基础和历史悠久的理财工具，一直受到广大投资者的青睐。这些产品主要包括活期存款、定期存款，以及兼具活期和定期特点的定活两便存款等多种形式。它们的共同特征是风险水平相对较低，主要是因为银行或者其他金融机构对这些存款产品提供了本金和利息的保障。

在收益方面，存款类产品通常提供的是较为保守的回报率，这是基于一个固定的利率来计算的。因此，收益率通常比较稳定，不会有太大的波动。对于那些追求稳健收益的投资者来说，这种稳定性是一个不小的吸引力。然而，这种稳定性也可能成为双刃剑，因为在经济环境发生变化，特别是通货膨胀率上升或者市场利率发生变动时，存款类产品的名义收益无法跟上通胀的步伐，从而导致投资者的实际购买力出现下降。

除了收益方面的考量，存款类产品的另一个显著特点是其流动性较好。这意味着投资者可以根据自己的需要，随时将存款取出或进行转让。但需要注意的是，如果投资者选择在存款期限未到时提前支取资金，可能会面临一定的经济损失，比如支付手续费或者损失一部分利息收入。

债券类产品

债券类产品是金融市场上的一种重要投资工具，它们涵盖多种类型的债务工具，包括国债、企业债和地方政府债等。这些债券产

品通常被归类为固定收益类投资工具，意味着投资者在购买这些债券时，实际上是在进行一种借贷行为，即他们向债券的发行方借出资金。

具体来说，当投资者购买债券时，他们就是在向债券的债务人（发行方）提供资金。作为回报，债务人承诺在未来的一定期限内按照约定的利率给投资者支付利息，并且在债券到期时，将本金全额偿还给投资者。这种安排使得债券成为一种相对安全的投资方式，因为投资者可以预期在债券持有期间获得固定的利息收入，并在到期时收回本金。

相比于股票这类权益类投资工具，债券通常具有较低的风险。这是因为在法律上，债券投资者在债券发行方的资产结构中享有较高的优先权。这意味着如果债券发行方遭遇财务困境或破产，债券持有人在资产分配中的位置要优先于普通股股东，从而有更多的机会追回他们的投资。

此外，债券的收益通常比较稳定，这是因为债券的利息支付通常是固定的，不会因为市场波动而改变。不仅如此，大多数债券都有到期日，到期时，投资者可以按照债券的面值收回本金，这就为投资者提供了一定程度的资本保护。

然而，债券投资也有其局限性。首先，由于债券的收益主要来自固定的利息支付，其总体收益通常低于股票，而后者的收益潜力主要来自股价的增值。其次，债券的价格可能会受到多种因素的影响，包括市场利率的变动、发行方的信用风险以及债券的市场流动性等。例如，当市场利率上升时，已发行的债券价格可能会下跌，因为新发行的债券提供了更高的利率，使得旧债券不再有很强的吸引力。

股票类产品

股票类产品作为一种常见的理财手段，为投资者提供了直接进入股票市场的机会，从而分享公司的所有权和增长潜力。这类产品主要包括普通股和优先股等不同种类的股票。

普通股，作为公司股权结构中的基础组成部分，代表了投资者在公司中的所有权份额。持有普通股的投资者，通常被称为股东，他们有权分享公司的盈利成果，主要通过分红的形式体现。此外，普通股股东在公司解散或清算时，对公司剩余财产的索取权排在债权人和优先股股东之后，这意味着他们在公司财务分配中的优先级较低。

优先股，提供了一种相对稳定的投资选择。与普通股相比，优先股股东在公司盈利分配时享有优先权，可以按照预定的比例获得固定股息。这种股息支付通常是在普通股股东分红之前进行的，因此，优先股的收益相对不受公司经营业绩波动的影响，为投资者提供了一定程度的收益保障。

股票投资的吸引人之处在于其具有较高的收益潜力。由于股票市场价格的波动性较大，投资者有机会通过买低卖高获得资本增值。然而，这种价格波动也带来了风险。市场的不确定性意味着股

价可能会下跌，投资者可能面临资本损失的风险。除了市场风险，投资者还需考虑行业风险和特定公司的风险，这些因素都可能影响股票的表现。

鉴于股票投资的复杂性和风险性，投资者在进入股票市场前需要具备一定的风险承受能力。同时，投资者应当具备基本的投资知识，包括对股票市场的运作机制、不同股票产品的特点以及投资策略的理解。此外，进行充分的市场研究和分析是至关重要的，这有助于投资者识别潜在的投资机会，规避一定的风险，并最终实现良好的投资回报。

基金类产品

基金类产品作为一种投资工具，涵盖多种不同的类型，包括股票型基金、债券型基金、货币市场基金和混合型基金等。这些基金产品的设计理念是为了满足不同投资者的需求和风险偏好。

股票型基金

股票型基金的核心策略是将资金投入到股票市场中。这类基金的目标是通过购买和持有各种股票来实现资本增值，从而追求较高的投资回报。由于股票市场的特性，股票型基金通常面临着较高的市场风险。股票价格受到多种因素的影响，包括经济环境、公司业绩、市场情绪等，这些因素都可能导致股票价格的大幅波动，从而造成基金投资的风险。

投资者在考虑投资股票型基金时，需要对股票市场有一定的了解和风险承受能力。因为股市的不确定性，股票型基金的净值可能会经历剧烈的波动，这意味着投资者可能面临亏损的风险。与此同时，股票型基金也提供了相对较高的收益潜力。如果股市表现良好，投资者可能会获得丰厚的回报，这也是许多投资者愿意承担一定风险选择股票型基金的原因之一。

债券型基金

债券型基金是一种投资工具，其主要的投资领域是债券市场。债券市场是一个广泛的金融市场，包括各种各样的债券，如国债、企业债、地方政府债等。这些债券都是由政府或企业发行的，用于筹集资金。

国债是政府为筹集资金而发行的债券，被视为风险较低的投资，因为政府通常有较强的偿还能力。企业债则是由企业发行的债券，用于筹集资金进行扩大生产或运营；地方政府债是由地方政府发行的债券，用于筹集资金进行地方建设。

债券型基金的主要特点是风险相对较低，这是因为债券具有固定收益的特性。即使市场环境发生变化，债券的收益率通常也会保持不变。这使得债券型基金在市场波动时，能够为投资者提供相对稳定的收益。

然而，虽然债券型基金的风险相对较低，但这并不意味着它没有风险。例如，如果发行债券的实体无法偿还债务，那么投资者可能会面临损失。此外，如果市场利率上升，那么已经发行的债券价格可能就会下跌，这会对投资者造成一定的损失。

货币市场基金

货币市场基金的核心策略是将资金投向于货币市场中的各种金融工具。这些工具通常包括银行存款、短期政府或企业债券等，它们具有较短的到期期限和较高的流动性。由于货币市场基金投资于这些短期且信用风险较低的金融产品，相比于其他类型的投资基金，其风险水平通常较低。

虽然货币市场基金的收益可能不及长期投资或者高风险产品的收益率，但它们提供了一种相对稳定的收益来源，这种稳定性使得货币市场基金成为理想的投资选择。投资者可以将货币市场基金作为资金管理的工具，利用它们来管理短期的资金需求，或者作为投资组合中的一部分，以分散风险并保持稳定的现金流入。

混合型基金

混合型基金是一种多元化的投资工具，它结合股票和债券等多种资产类别的优势，旨在通过这种多样化的投资组合来实现风险的有效分散和收益的均衡。在投资市场上，混合型基金因其灵活性和平衡性而受到许多投资者的青睐。

具体来说，混合型基金的投资组合中包含股票和债券等不同类型的资产。股票通常具有较高的收益潜力，但也伴随着较高的市场波动性和风险。相对而言，债券则被认为是更为稳健的投资选择，它们提供较为稳定的收益，但在市场利率变动时也可能面临价格波动的风险。

混合型基金的管理策略是在这两种资产类别之间进行权衡，以期达到风险和收益的最佳组合。基金经理会根据市场条件、经济预测和投资目标来调整股票和债券在基金中的占比，以此来适应不断变化的市场环境。

由于混合型基金投资于多种资产，其风险和收益水平通常介于纯粹的股票型基金和债券型基金之间。这就意味着，相比于单一的股票型基金，混合型基金可能提供更低的风险；与债券型基金相比，混合型基金可能提供更高的收益潜力。因此，混合型基金对于那些寻求在风险控制和资本增值之间找到平衡点的投资者来说，是一个理想的选择。

保险类产品

在保险类产品的众多选项中，分红保险和投资连结保险是两种融合保险功能与投资机会的特殊产品。它们不仅提供了传统保险的风险保障，也为投保人带来了一定的投资收益潜力。

分红保险

分红保险是一种将风险保障和投资功能相结合的人身保险产品。在这种保险模式下，投保人所支付的保费会被明确地划分为两个主要部分：第一部分主要用于覆盖保险的运营费用以及提供被保险人的风险保障，包括但不限于死亡、疾病或意外等风险的赔偿；第二部分则被用于进行各种投资活动，以期获得一定的投资收益。

保险公司在管理这部分用于投资的保费时，通常会采取一种相对稳健的投资策略。这就意味着，他们会选择那些预期收益稳定、风险较低的投资项目，如债券、高信用等级的企业债、定期存款等。这种策略的目的是确保保险公司能够在保证投保人本金安全的同时，获取合理的投资回报。

当保险公司通过这些投资获得了收益后，他们会将一部分收益以分红的形式返还给投保人。这种分红通常根据保险公司的投资收益情况和经营状况来决定，因此分红金额可能会有所波动。值得注意的是，分红并不是保证的，它取决于保险公司的实际盈利情况。

由于分红保险的投资策略倾向于保守，在一定程度上限制了潜在的收益空间。因此，相比于那些高风险、高收益的投资型保险产品，分红保险的收益率通常较低。然而，正是由于这种保守的投资方式，分红保险所面临的投资风险也相对较低，这使得它成为那些寻求稳定收益和本金安全的投保人的一个理想选择。

投资连结保险

投资连结保险是一种独特的人身保险产品，它巧妙地将保险和投资结合在一起。在这种保险模式中，投保人支付的保费被分为两部分：一部分用于支付保险的基本费用以及提供风险保障，另一部分则被用来进行投资活动。

投资连结保险的投资策略是一种进取型策略，这意味着它将投资者的资金投入到可能带来较高收益的资产中。这些资产包括但不限于股票、债券和基金等，由于这些投资标的的特性，投资连结保险的收益和风险都相对较高。这种保险产品的投资者需要有一定的风险承受能力，因为他们的投资可能会面临较大的市场波动。

投资连结保险的投资收益与市场的整体表现有着密切的关系。如果市场表现良好，投资者可能会获得较高的收益；反之，如果市场表现不佳，投资者可能会面临较大的损失。因此，投资连结保险的收益可能存在较大的波动，这是投资者在选择此类保险产品时需要考虑的一个重要因素。

信托类产品

信托类产品是金融领域中的一种投资工具，它们由专业的信托公司发行，旨在将投资者的资金集中起来，投入到特定的项目或资产中，以期为投资者带来稳定的收益。这些产品的种类多样，包括房地产信托、证券投资信托等，每种信托产品都有其独特的投资策略和收益模式。

房地产信托，是一种将资金主要投资于房地产市场的信托产品。投资者通过购买房地产信托，实际上是将自己的资金投入各种房地产项目中。这些项目包括商业地产、住宅开发、土地开发等。

房地产信托的收益主要来自两个方面：一是租金收益，即房地产项目产生的租金收入；二是房地产增值，即随着房地产市场的发展，房地产项目的市场价值上升，从而带来的资本增值收益。

证券投资信托则是一种将资金投向证券市场的信托产品，包括股票、债券、基金等多种金融工具。投资者通过购买证券投资信托，可以参与到股票交易、债券投资、基金运作等多种金融活动中。证券投资信托的收益主要来源于证券市场的波动和投资收益，即通过买卖股票、债券等证券产品，或者通过基金的运作实现资金的增值。

信托产品的发行和管理通常由信托公司负责。投资者将资金委托给信托公司，由信托公司根据信托合同的约定，负责资金的投资和管理。信托公司会根据投资项目或资产的盈利情况，按照约定的比例，将投资收益分配给投资者。信托产品的收益来源于所投资的项目或资产的盈利或增值。

信托类产品的显著特点是投资范围广泛，可以涉及不同领域的项目和资产，如房地产、证券、基础设施等。这种广泛的投资范围，为投资者提供了多样化的投资选择，使他们可以根据自己的投资目标和风险承受能力，选择合适的信托产品。同时，信托产品也具有一定的风险，投资者在购买信托产品时，需要对产品的风险进行充分的评估和理解。

私募股权和风险投资

这类产品主要投资于非上市公司的股权，风险和收益都较高，适合风险承受能力较强的投资者。私募股权投资包括向成长期和成熟期企业的投资，而风险投资则更侧重于对初创期和高成长潜力企业的投资。

私募股权

私募股权投资（Private Equity）是指通过非公开市场的方式，对未在证券交易所上市的公司进行股权投资的一种金融活动。这种投资方式主要涉及对非上市公司的股权进行购买，以期望在未来获得资本增值和投资收益。

私募股权投资的主要特点是其投资对象的特殊性，即主要针对那些处于成长期或成熟期的非上市公司。这些公司具有较好的发展潜力和稳定的盈利能力，但由于各种原因未选择在公开市场上进行交易。投资者通过购买这些公司的股权，成为公司的股东之一，从而分享公司未来的盈利和成长成果。

私募股权投资通常需要投资者具备较高的风险承受能力。由于非上市公司的股权不像上市公司的股票那样，可以在证券交易所自由买卖。因此，其股权的市场流动性较差。这就意味着投资者可能需要较长的时间才能找到买家，将其所持有的股权转手。此外，非上市公司的经营状况和市场环境可能更加复杂多变，从而增加了投资的不确定性。

尽管存在较高的风险，私募股权投资仍然吸引了众多投资者的关注，原因就在于其潜在的高收益。投资者通过对非上市公司的深入研究和精准投资，有机会参与到公司的成长过程中，从而在公司未来上市或被收购时获得丰厚的回报。

风险投资

风险投资（Venture Capital）是一种专注于投资初创期或具有高成长潜力的企业的投资策略。这种投资通常针对那些创新型企业或高科技企业，这些企业具有巨大的市场潜力和创新能力，同时也面临着较高的风险和不确定性。

风险投资的核心理念是关注企业的发展阶段，尤其是那些处于

早期阶段但具有巨大发展潜力的企业。投资者通过提供资金和资源支持，帮助这些企业加速发展，增强其市场竞争力。这种投资方式不仅为企业提供了必要的资金支持，还为企业带来了管理经验和行业资源，有助于企业快速成长并实现商业化。

然而，风险投资的特点之一是风险较高。由于投资对象通常是初创企业或高成长潜力的企业，这些企业往往处于创业初期，市场前景不明朗，商业模式尚未完全验证，因此投资者需要承担较高的风险。但是，如果投资成功，回报也会非常丰厚。成功的风险投资案例通常会带来数倍甚至数十倍的投资回报，这也是吸引投资者参与风险投资的重要原因之一。

风险投资通常通过股权投资的方式进行。投资者购买初创企业的股权，成为企业的股东。在企业成长的过程中，投资者会积极参与企业的管理和决策，提供战略指导和资源支持，帮助企业实现商业目标。当企业发展到一定阶段，投资者会通过退出机制来实现投资回报。常见的退出方式包括上市（IPO）、并购（M&A）等。通过这些退出机制，投资者可以出售所持有的股权，实现投资收益。

结构性理财产品

结构性理财产品是一种创新的金融工具，它们通过运用复杂的金融工程技术精心设计而成。这些产品的核心特点在于它们将多种基础资产进行精心的组合和配置。这种多元化的资产组合通常包括但不限于股票、债券、外汇、商品等，旨在通过多样化的投资策略来分散风险并提高潜在回报。

结构性理财产品的主要目标在于为投资者提供一个相对安全的投资渠道，即在确保本金安全或至少部分本金安全的前提下，追求更高的投资收益。这种产品设计使得它们对于那些寻求在保本基础上获得额外收益的投资者来说，具有很大的吸引力。

在结构性理财产品的设计中，通常会结合固定收益产品和金融衍生品两大类资产。固定收益产品，如传统的银行存款、零息债券等，提供了稳定的收益和较低的风险。金融衍生品，包括远期合约、期权、掉期等，则用于增强产品的投资潜力，同时也增加了产品的复杂性和风险水平。

投资者在选择结构性理财产品时，可以根据自己的风险承受能力和投资偏好，选择不同的保本比例。保本比例是指投资者在投资期满后，所能获得的最低保证回报的比例。一般来说，保本比例越高，意味着投资者的本金安全性越高，相应的预期收益率会较低。反之，如果投资者愿意承担更高的风险，选择较低的保本比例，那么他们有可能获得更高的收益。

基金还是股票？

对于大部分普通的投资者而言，平时接触最多的投资产品就是基金和股票。那么问题来了，这两个该怎么选呢？

实际上，股票是公司的部分所有权，购买股票意味着成为该公司的股东。股票的价格会随着市场供求关系和公司业绩等因素波动。股票投资的目标是通过股价上涨和股息收入来获取资本增值和收益。

基金是由一群投资者共同出资组成的投资工具，由专业的基金管理人负责管理和投资。基金的投资策略包括股票、债券、货币市场等多种资产类别。投资者购买基金的份额，通过基金管理人的投资决策来获取资本增值和收益。基金的特点包括投资分散、管理专业、风险分散和流动性较好等。

投资方式

基金允许投资者通过购买基金份额来间接地参与到多种资产的投资中。这些资产包括股票、债券、货币市场工具等，涵盖了广泛的投资领域。基金的投资组合由专业的基金经理负责管理和调整，他们会根据市场情况和投资策略来决定投资哪些资产，以及如何分配投资比例。投资者通过购买基金份额，就可以分享基金的收益，同时也承担一定的风险。

与基金不同的是，股票投资是直接购买公司的股份，投资者因此成为公司的股东，享有相应的权益和收益。股票投资的收益主要来自两个方面：一是股票价格的上涨；二是公司分红。投资者可以根据自己的判断和研究，选择购买具有潜力的个股，从而期待获得较高的收益。

风险和回报

基金是一种集合投资工具，它通过将投资者的资金集中起来，分散投资于多种资产，如股票、债券、房地产等。这种分散投资策略的核心优势在于，可以降低个别资产的风险。由于基金投资组合中包含多种不同类型的资产，当某一资产表现不佳时，其他资产的表现可能会弥补损失，从而平均化整体投资组合的风险。这种分散投资策略可以帮助投资者降低风险，确保投资组合的稳定表现。然而，这也意味着基金的回报潜力可能受到限制，因为基金的投资目标是实现整体稳健的收益，而非追求个别资产的高回报。

相比之下，股票投资的风险和回报相对较高。股票投资是直接购买公司的股票，成为公司的股东，从而与单个公司的业绩和市场波动直接相关。股票市场的价格波动较大，受到众多因素的影响，包括公司业绩、行业趋势、宏观经济环境等。因此，股票投资的价格可能会受到较大的波动影响，这就意味着股票投资可能带来更高的回报，同时也伴随着更大的风险。

对于投资者来说，股票投资需要具备较高的风险承受能力，并且需要对即将投资的公司有深入了解，以便做出明智的投资决策。在选择投资方式时，投资者需要根据自身的风险承受能力和投资目标来进行权衡。

基金作为一种分散投资工具，可以提供较为平均的风险和回报，适合那些希望分散风险、追求稳健收益的投资者。基金的管理由专业的基金经理负责，他们会根据市场情况和投资策略进行资产配置，为投资者提供相对稳健的投资回报。

股票投资则更适合那些有较高风险承受能力、对个别公司有深入了解的投资者。股票投资需要投资者具备较强的分析能力和判断力，以便在股票市场中捕捉投资机会，实现更高的回报。

管理方式

基金投资是一种将资金委托给专业基金管理人进行管理和投资的方式。这些基金管理人通常具备丰富的投资经验和专业知识，他们负责进行资产配置和风险管理，以追求投资组合的最佳回报。对于投资者来说，只需购买基金份额，无需自己进行研究和决策，相对来说会更加便捷和省心。

与基金投资相比，股票投资需要投资者自己进行研究和决策。投资者需要了解公司的基本面、行业动态、财务状况等信息，以便做出更明智的投资决策。股票投资需要投资者具备一定的投资知识和技巧，并且需要花费时间和精力进行研究和分析。

对于那些没有足够时间和专业知识进行股票研究的投资者来说，基金投资可能更为适合。基金经理会代表投资者进行投资决策和管理，这样一来，投资者可以省去繁琐的研究和决策过程。基金投资的优势在于，投资者可以利用基金经理的专业知识和经验，通过基金经理的资产配置和风险管理策略，以追求最佳的投资回报。

然而，对于那些有充分时间和能力进行研究的投资者来说，股票投资可能会更具吸引力。投资者可以根据自己的研究结果和判断，选择具有潜力的股票进行投资。虽然股票投资需要更多的时间和精力投入，但投资者可以根据自身的判断和决策来追求更高的投资回报。

投资门槛

基金作为一种集合投资产品，其投资门槛通常相对较低，这使得广大投资者能够以较小的资金量进入市场。通过购买基金份额，投资者实际上是间接地参与到了一个由多种资产构成的投资组合中。这些资产可能包括股票、债券、货币市场工具等，由专业的基金经理进行管理和运作。这样的投资方式不仅降低了个人投资者直接参与各种资产投资的难度，也分散了风险，使得投资者能够享受到多元化投资的好处。

相比之下，股票投资的门槛通常较高。股票是公司的所有权凭证，投资者需要直接购买公司的股份才能成为公司的股东。这意味着投资者需要有足够的资金来购买一定数量的股票，而且需要对公司的经营状况、财务状况和市场前景有一定的了解和判断能力。此外，股票投资通常伴随着较高的市场波动性，这就需要投资者具备较强的风险承受能力和投资决策能力。

投资策略

基金可以采取不同的投资策略，根据市场条件和基金经理的判断选择适合的投资策略。常见的投资策略包括价值投资、成长投资、指数投资等。价值投资是寻找被低估的股票，相信市场会逐渐认识到其价值并提高股价；成长投资则是寻找具有高成长潜力的股票，相信这些公司未来的业绩会持续增长，从而获得回报；指数投资则是追踪某个特定的指数，如上证指数或纳斯达克指数，以获得整个市场的平均回报。

股票投资则更加灵活，投资者可以根据自己的研究和判断选择不同的股票进行投资。他们可以根据公司的基本面、行业前景、财务状况等因素，进一步决定是否投资某只股票。相对于基金投资来说，股票投资更加注重个股的选择和市场的时机把握。

投资收益

基金的收益

从很大程度上说，基金的收益取决于基金的投资组合结构以及基金经理的投资策略和决策。投资组合是由一系列不同的资产组成的，这些资产可能包括股票、债券、现金等多种金融工具，而基金经理则负责制订投资策略，选择合适的投资标的，以期实现基金资产的增值。

根据历史统计数据分析，我们可以观察到，一些表现出色的基金在长期的时间跨度内，能够为投资者带来较高的回报率。这些基金往往是那些由经验丰富、策略明智的基金经理管理的主动管理型基金，尤其是在股票市场表现良好的情况下，这些基金通过精选个股和行业，能够实现超过市场平均水平的回报，从而为投资者创造额外的价值。

举例来说，主动管理的股票型基金，其基金经理会通过对市场的深入研究，挑选出潜力股并进行积极的买卖操作，力求在股市上涨时获得超越大盘的收益。这种类型的基金在市场整体向上时表现尤为突出，因为此时基金经理的选股能力和市场时机把握能力得到了充分的发挥。

此外，指数型基金则采取一种相对被动的管理策略，它们通常设计为追踪特定的市场指数，如标普 500 指数、纳斯达克指数等。这类基金的收益与所追踪的指数表现紧密相关，如果指数上涨，基金的价值也会相应增加。由于指数型基金不需要基金经理频繁地进行交易和选股，因此管理费用通常较低，这也是它们吸引投资者的一个重要因素。

股票的收益

股票的收益水平与特定公司的业绩表现以及整体市场行情存在着紧密的联系。股票市场的波动性使得投资者在承担一定风险的同时，也有机会获得相对较高的回报率。这种高回报潜力吸引了众多的投资者，尤其是那些擅长分析和挑选个股的优秀投资者，他们通过对不同公司的深入研究和精准判断，能够识别出那些具有成长潜力的公司，并从中获得显著的投资回报。

然而，对于大多数普通投资者而言，选择个股进行投资并非易事。这不仅要求投资者具备一定的专业知识，包括但不限于财务报表分析、行业趋势预测、公司治理结构评估等，还需要投入大量的时间和精力进行市场研究、跟踪公司动态以及分析宏观经济环境。对于普通投资者来说，这些复杂的分析工作可能是一个挑战，因为不是每个人都有足够的资源和能力去深入研究每一个投资标的。

此外，即使投资者具备了专业的知识和研究能力，股票投资仍然面临着较高的风险。市场的不确定性意味着即使是最全面的研究和分析，也可能因为外部因素而失效，导致投资损失。对于那些寻求相对稳健投资的人来说，直接选择个股并不是最佳选择。他们可能会考虑通过投资基金、指数基金或交易所交易基金等方式来分散风险，同时利用专业管理团队的知识和经验来实现资产的保值增值。

指数基金

巴菲特的投资哲学和策略一直被广大投资者所推崇。在他的众多名言中，有这样一句话尤为引人注目："坚持指数型基金定投，一个什么也不懂的投资者，往往能够战胜绝大多数基金经理。"这句话不仅简洁明了，而且深刻地揭示了基金定投策略的巨大潜力和优势。

在投资领域，指数型基金是一种追踪特定股票指数表现的基金，它的投资组合与某个市场指数的成分股和权重大致相同。这种基金的优势在于低费用、分散风险以及透明度高。巴菲特的这番话，实际上是在强调简单而有效的投资策略：即使是对股市一无所知的普通投资者，只要坚持定期投资指数型基金。从长期来看，其收益往往能够超过大多数主动管理的基金。

在国际成熟的金融市场中，这一观点得到了广泛的验证。由于这些市场的效率高，信息透明度好，大多数基金经理很难通过主动管理来持续地超越市场平均水平。因此，在这些市场中，指数基金的表现往往能够匹敌甚至超过多数主动管理的基金。

与美国等成熟市场相比，国内市场的散户投资者比例较高，市场的成熟度和效率相对较低，从而导致指数基金的表现可能不如成熟市场。然而，即便是在这样的市场环境下，长期坚持定投指数基金，其复利效应仍然是显著的。随着时间的推移，小额的定期投资可以积累成一笔可观的资金，而且由于指数基金的低费率和分散化投资，长期持有的风险相对较小。

对于绝大多数普通投资者而言，他们通常没有充足的时间和精力去深入研究市场、挑选个股，或者选择合适的主动型基金。这种缺乏专业知识和时间投入的情况，不仅会导致他们在自我操作投资时面临较高的风险，而且很可能因为缺乏有效的投资策略和对市场的准确判断，而获得不尽如人意的投资回报。这也是为什么许多金融专家会建议那些日常工作繁忙的上班族避免直接投身股市交易的原因之一。

然而，对于那些希望在金融市场上寻求稳健收益的投资者来说，定投指数基金是一个明智的选择。如果投资者选择这种投资方式，只需设定一套合适的定投策略，比如每月或每季度固定投入一定金额的资金，之后不需要频繁地进行手动操作。

这种定投策略的优势在于，它极大地简化了投资过程，使得投资者可以以一种省时省力的方式参与到市场中。定投不仅可以帮助投资者养成长期投资的好习惯，还能够在一定程度上规避市场的短期波动。因为它通过定期购买，实现了成本的平均化。长期坚持定投策略，投资者很可能会发现自己的资产随着时间的推移而稳步增长，最终能够取得非常不错的收益。

指数基金通常分为三大类：宽基指数基金、行业指数基金和主题指数基金。每一类基金都有其独特的特点和适用的投资人群。

宽基指数基金，是指那些覆盖了市场中多个行业的指数基金。它们不专注于某一个特定的行业，而是力求反映整个市场或者市场的大部分的表现。这种类型的指数基金适合那些希望分散风险、追求稳健收益的普通投资者。

行业指数基金则不同，它们专注于某一特定行业，比如金融、医疗或科技等。这类基金的表现与所选行业的市场表现密切相关。由于普通投资者对单个行业的知识了解有限，可能难以准确判断该行业的现状、发展趋势以及周期性波动。因此，在没有足够专业知识和深入研究的情况下，投资行业指数基金可能会面临较高的风险。

主题指数基金则是围绕某一特定主题或趋势进行投资的基金，比如环保、可持续能源等。这类基金的投资决策通常基于对未来某一趋势的判断，而这种判断需要专业的分析和前瞻性的市场洞察。

对于普通投资者而言，选择宽基指数基金是一个更为明智的选择。首先，由于宽基指数基金包含多个行业，它能够在一定程度上平衡各行业之间的波动，从而降低整体的投资风险。其次，从历史数据来看，长期投资宽基指数基金的收益远远高于行业指数基金，这是因为宽基指数基金能够更好地捕捉到整体市场的增长趋势。

买保险前，需要关注哪些事？

在通往财富自由之路上，除了理财，保险也是大部分人都绕不开的一部分。所谓保险，从本质上来说就是一种保障。如果说投资理财是进攻，那么保险就是防守，是为自己和家人构建一套防御体系。

那么问题来了，买保险前，需要关注哪些事呢？

确定需求

在决定购买保险之前，明确自己的保险需求和目标显得尤为关键。这一步骤不仅能帮助你更好地了解自己对保险的期望，还能确保你选择的保险产品能够最大程度地满足你的需要。

在这种情况下，你需要深入思考，找出你最担心的风险是什么。这些风险可能包括健康问题、意外事故、财产损失等。

如果你最担心的是健康问题，那么就要考虑购买医疗保险或重疾险。它们可以帮忙应对医疗费用的负担。

如果你最担心的是意外事故，那么意外险可能是最佳选择。意外险通常包括意外伤害保险和意外死亡保险，可以在人遭遇意外事故时提供一定的经济保障。

如果你最担心的是财产损失，那么财产保险可能是你的理想选择。财产保险可以降低你的房产、车辆等财产在火灾、盗窃等意外事件中所受的损失。

预算规划

在考虑购买保险时，一个至关重要的步骤是明确自己能够承担的保险费用水平。这就意味着你需要对自己的财务状况进行深入的了解，包括你的收入、支出、储蓄以及任何其他财务责任。由此一来，你可以确保自己在选择保险产品时，能够根据实际的经济能力做出决策。

选择保险产品时，你应该考虑到保险费用将如何影响你的整体财务状况。保险费用不应该成为你财务负担的来源，而应该是一个可以持续支付的费用。因此，选择一个既能提供所需保障，又不会对你的日常生活造成过大经济压力的保险产品是非常重要的。

总之，购买保险就是为了在未来可能发生的风险事件中获得一定的保障和安全感。但这种保障不应该以牺牲自己的财务安全为代价。因此，在签订任何保险合同之前，务必仔细评估自己的经济状况，确保所选择的保险产品既能满足你的保障需求，又不会给你的财务状况带来不必要的压力。

研读保险条款

在购买保险之前，确实需要认真阅读保险合同中的条款和细则。这些条款和细则包含保险产品的保障范围、免赔额、赔付条件等重要信息。通过仔细阅读，你可以清楚了解保险公司在何种情况下会提供保障，并了解保险公司对于赔付的要求和限制。

首先，你需要关注保险产品的保障范围。不同的保险产品可能有不同的保障范围，例如，健康保险可能涵盖医疗费用、手术费用等，财产保险可能涵盖财产损失、盗窃等情况。确保你清楚了解保险产品所提供的具体保障范围，以便在需要时能够得到相应的赔付。

其次，你需要了解免赔额的设定。免赔额是指在发生保险事故时，保险公司不承担赔付的部分。了解免赔额的设定可以帮助你判断在何种情况下可以获得赔付，以及赔付金额的具体数额。

最后，你需要了解赔付条件。保险公司在进行赔付时，通常会有一些具体的条件和要求。例如，在健康保险中，可能要求提供医疗报告或者其他相关证明文件。了解这些赔付条件，可以帮助你在理赔时准备好必要的材料，并避免出现一些不必要的纠纷。

选择可信赖的保险公司

查询信用评级

在中国，保险公司的信用评级是一个重要的参考指标，通常由独立的信用评级机构进行。这些评级机构通过对保险公司的财务状况、偿债能力、经营状况等多方面进行评估，给出一个客观公正的信用评级。

如果你想了解某家保险公司的信用评级，可以直接访问权威信用评级机构的官方网站。在官方网站上，你可以查阅他们发布的保险公司评级报告。这些报告通常会详细列出保险公司的信用评级以及评级的依据和理由。

此外，除了直接访问信用评级机构的官方网站，你还可以通过其他渠道获取保险公司的评级信息。例如，金融信息服务平台、金融媒体和研究机构等，都会提供关于保险公司的信用评级、财务状况和综合评价的报告和分析。这些报告和分析通常会更加详细和深入，可以帮助你从多个角度了解保险公司的经营状况和信用状况。

了解公司的历史和口碑

在选择一个保险公司时，深入研究其历史和声誉是至关重要的。这一过程不仅能帮助你了解公司的经营状况，还能让你对其整体声誉有深刻而清晰的认识。

首先，你可以访问保险公司的官方网站，这是获取公司信息的第一手来源。在网站上，你通常会找到关于公司成立时间、主要业务领域，以及它们所提供的保险产品和服务的详细信息。

其次，你可以通过阅读与保险公司相关的新闻文章，了解公司是否有重大的业务发展、是否存在任何争议，或者是否获得过行业奖项。这些信息可以帮助你评估公司的市场地位和公众形象。

客户评价则是衡量公司服务质量的重要指标。你可以通过各种

在线平台，如社交媒体、消费者论坛和专业评价网站，来查看其他客户对保险公司的评价。这些评价通常包括客户对公司服务的满意度、索赔处理的效率，以及客户服务团队的响应速度。

考虑公司的财务稳定性

保险公司的财务稳定性是评估其可靠性的重要指标。要了解保险公司的财务稳定性，你可以查阅他们的财务报表。财务报表通常包括资产负债表、利润表和现金流量表等，这些报表能够提供关于保险公司资产规模、偿付能力和盈利状况的详细信息。

首先，你可以关注保险公司的资产规模。资产规模是指保险公司拥有的全部资产的价值。一家拥有较大资产规模的保险公司通常被认为具有较强的财务实力，因为它有足够的资金来应对潜在的风险和索赔。

其次，你可以关注保险公司的偿付能力。偿付能力是指保险公司履行对保险合同持有人的赔付责任的能力。保险公司的偿付能力可以通过偿付能力比率来衡量，该比率反映了保险公司是否有足够的资本和准备金来满足其赔付义务。

最后，你还可以关注保险公司的盈利状况。盈利状况是指保险公司在一定时期内的盈利能力和经营效益。一家盈利状况良好的保险公司通常意味着其业务运营顺利，能够实现盈利并保持良好的财务状况。

除了财务报表，你还可以考虑保险公司的再保险安排。再保险是指保险公司将其承担的风险部分转移给其他保险公司的行为。通过与其他保险公司进行再保险合作，保险公司可以分散风险，降低自身的风险暴露程度。一家与其他保险公司进行再保险合作的保险公司通常被认为在风险管理方面更为谨慎和稳健。

咨询专业人士

在考虑购买保险之前，寻求专业的保险顾问或理财规划师的帮助是一个明智的决策。这些专业人士拥有丰富的专业知识和实践经验，他们能够为你提供全面的指导和建议。

首先，保险顾问或理财规划师能够帮助你进行全面的风险评估。他们会深入了解你的个人情况，包括你的家庭背景、财务状况、职业特点等，以便更好地评估你可能面临的风险。通过这样的评估，他们能够为你提供关于保险保障范围、保额和保险期限等方面的专业建议，确保你能够获得最适合自己的保险方案。

其次，保险顾问或理财规划师会帮助你了解不同保险产品的特点和优劣。他们会向你介绍各种保险产品的保障内容、保费计算方法、理赔流程等，让你能够更加清晰地了解每种保险产品的优势和限制。这样，你就能够更好地选择适合自己需求的保险产品，避免因为缺乏了解而做出错误的决策。

此外，保险顾问或理财规划师还会与你进行详细沟通，了解你的财务目标和风险承受能力。他们会询问你对于未来的财务规划有何期望，以及你愿意承担多大的风险。通过这些信息，他们能够为你量身定制个性化的保险建议和方案，确保你能够做出明智的决策。

最后，保险顾问或理财规划师还可以帮助你进行保险产品的比较和选择。他们会根据你的需求和预算，为你推荐适合的保险产品，并帮助你进行各个产品的比较。他们还会解答你的疑问，提供相关的投保建议和服务，确保你能够顺利地购买到合适的保险产品。

比较不同的产品

在购买保险之前，比较不同的保险公司和产品之间的差异是非常重要的，这样可以确保你选择到最适合自己的保险产品。

保障范围

由于不同的保险公司和保险产品设计理念的差异，它们所提供的保障内容和覆盖的风险类型也会有所区别。因此，作为一名明智的消费者，你需要仔细研究和比较不同保险产品的特点，确保你所选择的保险能够满足你的个性化需求。

了解每个保险产品的保障范围是至关重要的，其中包括保险合同中明确规定的保障项目，比如意外伤害、疾病治疗、财产损失等。每种保险产品可能针对特定的风险提供保障，而对其他类型的风险则不予以覆盖。例如，一些健康保险可能主要针对重大疾病提供保障，对于日常的门诊治疗则覆盖较少。

费用结构

在选择合适的保险产品时，一个重要的步骤是对不同保险公司提供的费用结构和保费水平进行细致的比较。这个过程不仅涉及对保费金额的直接比较，还包括对保费与所提供保障的价值之间关系的深入分析。

首先，需要了解每家保险公司的费用结构。其中包括保险费、附加费、手续费，以及可能产生的额外费用等。这些费用可能会因保险类型、保险期限、被保险人的年龄和健康状况等有所不同。因此，仔细审查这些费用，并理解它们是如何计算的，对于评估保险产品的真实成本至关重要。

其次，保费水平的比较也是必不可少的。不同的保险公司可能会针对相同的保障提供不同的保费报价。有时候，较低的保费可能看起来很有吸引力，但重要的是要确保这些保费对应的保障范围和服务质量是否符合你的需求。

在比较保费时，需要考虑的不仅仅是数字上的高低，还要考虑保费与所提供保障的价值之间的平衡。这就意味着，你需要评估保险合同中规定的保障内容，包括保险覆盖的范围、赔付限额、免赔额、特别条款等，这些因素将直接影响到保险的实际价值和适用性。例如，如果两家保险公司提供的保费相差不大，但一家提供的保障范围更广，赔付条件更优。那么，从长远来看，选择保障更全面的保险公司可能会带来更多的价值。

理赔服务

在选择保险公司时，应该仔细研究其理赔流程，包括理赔申请的提交方式、所需文件、审批时间等。此外，服务质量也是一个重要的考量因素，它直接影响到你在遇到困难时能否得到及时有效的帮助。

为了更全面地了解保险公司的理赔流程和服务质量，你可以查看保险公司的理赔记录。这些记录通常包括公司在过去一段时间内的理赔案例数量、理赔金额、理赔速度等信息。通过分析这些数据，你可以对保险公司的理赔能力有一个大致的了解。

除了理赔记录，客户评价也是一个重要的参考依据。这些评价通常会涉及公司的理赔速度、服务态度、专业性等方面，从而帮助你判断保险公司的服务质量。

在了解了保险公司的理赔流程和服务质量后，你还应该确保自己在需要理赔时能够顺利获得理赔。因此，在购买保险时仔细阅读保险合同、了解保险条款中关于理赔的相关规定，十分重要。同时，你还需要保留好与保险事故相关的所有文件和证据，以备在理赔过程中使用。

产品特点

每个保险产品都有其独特的优势和可能提供的附加服务，这些因素都可能影响到你的选择。例如，有些保险产品不仅仅提供基本的保障功能，还可能包括额外的健康管理服务。这类服务包括定期的健康检查、健康咨询、疫苗接种等，这些服务可以帮助你更好地管理自己和家人的健康。

另外，一些保险产品可能具有投资连结的特点，这意味着你的保险计划与某些投资产品相关联。这种类型的保险产品不仅可以为你提供风险保障，还可以作为一种投资工具，帮助你实现资产增值。

在选择保险产品时，你应该考虑自己的需求和目标。如果你特别关注健康管理，那些提供额外健康管理服务的保险产品可能更适合你。如果你希望通过保险进行投资，那些具有投资连结特点的保险产品可能也是一个不错的选择。

了解投保流程和要求

在决定购买保险之前，必须要充分了解整个投保的流程以及保险公司所要求的各项条件。这个过程通常包括填写一份详细的申请表，这份表格旨在收集潜在客户的个人信息、健康状况、财务状况等关键数据。此外，保险公司可能还会要求投保人提供一系列的相关证明文件，这些文件包括但不限于身份证明、收入证明、健康检查报告等，以验证申请表中的信息。

在准备这些文档和填写申请表格时，确保所提供信息的真实性和准确性至关重要。任何信息的遗漏或错误都有可能在将来的理赔过程中造成问题。例如，如果在申请表中未能正确地报告个人的健康状况或过去的病史，这可能会导致在需要理赔时，保险公司拒绝支付赔偿金。因此，投保人必须仔细核对所有信息，确保每一项数据都是最新和最准确的。

为了避免在理赔时遇到麻烦，投保人应该在投保前花时间阅读和理解保险条款，包括保险覆盖的范围、除外责任、赔付限额等。如果有任何疑问，应及时与保险公司的代表（保险顾问）联系，以便获得清晰的解释和指导。

第五章

活在当下是最好的财富自由

◇ 找到你人生的使命感

虽然人人都想赚钱，但现实情况是，很多人都赚不到钱。曾经有位朋友跟我说：“很多人之所以天天喊着要搞钱，却一直搞不到钱，最大的原因在于对赚钱没有很强的欲望。”

或许，他说得对吧，但我隐隐感觉这句话很危险。因为真的是这样的话，会让一个人陷入“唯金钱至上”的观念中，即使能赚到钱，也未必能守得住钱。

在我看来，与其说是人们缺乏赚钱的欲望，不如说是缺少一种使命感。

何谓使命感？使命感是一个人对自己的使命和责任的认识和理解。它包括对一个人在这个世界上的目标和意义的认知，以及为了实现这个目标而付出努力的决心和动力。使命感让个人与某个宏大的意义关联在一起，让个人觉得自己活着是为了追求某种重要的目标或服务于某种价值。它超越了日常任务和个人欲望，是一种更深刻、更长远、更稳定的目标感受。

马克思曾经说过：“作为一个确定的人，现实中的人，你就有规定，就有使命，就有任务。”这就表明每个人都有自己的使命和责任，无论是否意识到它的存在。

对于个人来说，使命感可以激发个人的奋斗精神和责任感，可以给予人生意义和动力，让人明确自己的目标并为之努力。

外驱动转为内驱动

使命感可以让一个人行动的动力从外驱动转化为内驱动。

在没有使命感的情况下，人们的行动往往受到外部因素的驱动，比如金钱、名声或者他人的认可。这些外部激励虽然可以在一定程度上推动人们前进，但它们往往短暂且易受外界条件的影响。

然而，当一个人树立了明确的使命感和目标时，他们的行动动力就会发生根本性的转变。这种转变就意味着，他们的行为不再单纯依赖于外部的奖励或认可，而是源自内心深处的一种责任和驱动力。这种内在的驱动力，通常比外在激励更为持久和强大，因为它直接关联到个人的价值观和对生活意义的理解。

具有强烈使命感的人，在面对挑战和困难时，更能够坚持不懈。他们不会轻易放弃，因为内心深处有一种声音在告诉他们，他们所做的一切都是为了实现一个更高的目的。这种内在的推动力，使他们在追求目标的过程中，能够展现出更高的韧性和决心。

此外，内驱动的动力还能激发人们的自主性和创造力。当人们为了内心的使命感而工作时，他们会更加自由地探索新思路，更加敢于尝试和创新。这种自主和创造性的工作方式，不仅能够提高工作的效率和质量，还能够帮助个人更好地发掘和利用自己的潜力和才能。

埃隆·马斯克

埃隆·马斯克是当代一位优秀的企业家和创新者，他怀揣着一个宏伟而清晰的愿景：推动可持续能源的发展和扩展太空探索的边界。他深知地球资源有限，化石燃料的使用不仅不可持续，还会对环境造成巨大的破坏。因此，他将自己的人生使命定位于减少人类对这种传统能源的依赖，转而寻找并推广更为清洁、可再生的能源解决方案。

马斯克的这一使命不仅仅停留在理论或口号上，他通过自己的公司，如特斯拉和太阳城公司，积极投身于电动汽车和太阳能技术的革新与普及。他的目标是通过这些先进的技术，实现交通和能源生产的根本转变，从而减少温室气体排放，保护地球的生态平衡。

在太空探索领域，马斯克同样展现出了自己的雄心壮志。他的太空探索技术公司SpaceX，致力于开发可重复使用的火箭技术，以降低太空旅行的成本，为人类探索宇宙提供更多的可能性。他的梦想不仅仅是将人类送上火星，更是在那里建立一个可持续的人类文明，为人类的未来提供一个备选的栖息地。

这个明确的使命，如同一盏明灯，照亮了马斯克前进的道路。他不惜投入巨大的时间、精力和财力，不断推动自己的梦想向前迈进。无论是面对技术挑战还是商业上的困难，他都没有放弃，而是以更加坚定的决心，继续追求他的可持续能源和太空探索的目标。马斯克的努力和追求，不仅是为了实现个人的梦想，更是为了整个人类的未来。他相信，通过不懈的努力，人类终将能够减少对化石燃料的依赖，并在火星上开启新的历史篇章。

在特斯拉，马斯克的自主性和责任感体现在他对电动汽车技术的不断创新。他推动了电动汽车的性能提升，使其不仅仅是环保的选择，更是能够与传统燃油车相媲美，甚至超越其性能的交通工具。他的愿景不仅限于改变汽车行业，更在于推动全球能源的可持续发展，为此，他大力投资于太阳能技术和储能系统，以确保特斯拉的产品线不仅局限于汽车，而是形成了一个全面的清洁能源生态系统。

在 SpaceX，马斯克的自主性和责任感同样显著。他的目标是降低太空探索的成本，并最终实现人类定居火星的宏伟梦想。为了这一目标，他不断推动技术创新，包括可重复使用的火箭技术，这不仅大幅降低了太空发射成本，也为未来的太空旅行和探索创造了新的可能性。SpaceX 的成功不仅改变了太空产业的竞争格局，更为人类探索宇宙的梦想注入了新的活力。

马斯克的这种自主性和责任感，以及对创新和突破的不懈追求，使他成为行业中的变革者。他不满足于跟随，而是要引领潮流，他的决策和行动不仅推动了特斯拉和 SpaceX 的发展，也在整个行业中引发了深远的影响，引领了一系列的技术革新和商业模式的变革。马斯克的影响力已经超越了商业领域，他的名字已经成为创新和未来的代名词。

当然，举这个例子并不是要让你不顾一切地成为马斯克这样的人，而是要体会其中的精神。你至少应该明白，没有人会逼着马斯克去做什么，他做事情的动力完全来自内心，更没有人会怀疑马斯克是否已经实现了财富自由。

对于很多人来讲，财富自由都是顺带的事。当他们把事做好了，钱自然就来了，这也是我一直以来秉持的观点：事毕钱来。

约翰·洛克菲勒

约翰·洛克菲勒是一位杰出的商业巨头，他的成功不仅体现在如何积累财富上，更在于他如何使用这些财富来造福社会。作为一个典型的通过自我奋斗取得巨大成功的企业家，洛克菲勒在积累了巨额财富之后，并没有选择奢侈挥霍或者仅仅为了个人利益而活。相反，他将大部分财富投入到了慈善事业中，这一行为在当时乃至今天都被视为慈善事业的典范。

洛克菲勒创立的洛克菲勒基金会，是一个致力于推动社会进步和改善人类福祉的组织。这个基金会的工作范围广泛，涵盖了教育、医疗和科学研究等多个重要领域。在教育方面，洛克菲勒基金会资助了许多学校和教育机构，帮助提高了教育质量，使更多的人有机会接受良好的教育。

在医疗领域，该基金会支持了许多医疗研究和医院建设，为改善公共健康作出了巨大的贡献。在科学研究方面，洛克菲勒基金会资助了许多科学项目，推动了科学技术的发展，为人类社会的进步提供了强大的动力。

洛克菲勒本人深知自己的使命，他认为自己的财富不仅仅是个

人的成功，更是一份社会责任。他将自己的人生目标定位于为社会作出积极的贡献，通过慈善事业来改善人们的生活条件，提高社会的整体福祉。洛克菲勒的这种精神，展示了一个拥有财富自由的人如何将自己的资源和影响力用于回报社会，而不是仅仅满足个人的物质需求。

在很多人的印象中，财富自由的人大都过着奢华的生活，完全不用操心生计，想吃什么就吃什么，随时都可以来一场说走就走的旅行。

但像马斯克、洛克菲勒这样杰出的财富自由者并不是我们所想得那样奢华无度。

我希望，各位也能以这样的标准要求自己，至少这样会更容易得到贵人的青睐。

一个积极向上、心怀大众福祉的人，比浑浑噩噩、无所事事的人更容易获得财富自由。

不要遥想未来，全力过好今天

总是幻想着以后的生活能够顺风顺水，最好是通过买一张彩票获得财富自由，然后将辞职信狠狠甩到老板办公桌上，头也不回地离开公司。

总是幻想着现在吃的苦是为了将来能过上“人上人”的日子，到那时让那些曾经瞧不起自己的人后悔，对着他们大声放狠话。

你是否也曾经这样幻想过呢？如果答案是肯定的，也请不要回避，因为我曾经也这么幻想。

很多年以前，在互联网上曾流传着这样一个故事，讲述了两个老婆婆进入天堂的情景。

故事中，一个老婆婆垂头丧气地说：“唉，过了一辈子苦日子，刚攒够钱买了一套房，本来要享享清福，可是却来到了天堂。”另一个老婆婆却喜滋滋地说：“我是住了一辈子的好房子，还了一辈子的债，刚还完，这不，也来到了这里。”

垂头丧气的老婆婆的形象代表了许多人对财富的传统观念。她一生勤劳节俭，过着简朴的生活，将所有的积蓄都用于购买一套属于自己的房子。对于她来说，这套房不仅仅是一个居住的地方，更是一种对未来的投资、对自己晚年生活的保障。她梦想着有一天能够住进自己的房子里，享受那份来之不易的安逸和舒适。然而，命运却与她开了一个残酷的玩笑，就在她终于攒够钱买房后，她的生命却走到了尽头。她的垂头丧气，不仅因为生命的无常，更因为她未能享受到自己辛苦一生换来的成果。

另一个老婆婆的故事则展示了截然不同的财富观念。她选择了通过贷款的方式，提前享受到了好房子带来的舒适和便利。对于她来说，房产不只是一种物质的拥有，更是一种生活品质的提升。尽管这意味着她需要承担长期的债务，但她并没有因此而感到压力，反而将其视为一种激励，鼓励自己在有限的生命中追求更好的生活。她一生都在努力工作、偿还债务，最终在她来到天堂之前，成功地还清了所有的贷款。她的喜滋滋，不仅因为完成了自己的使命，更是因为她充分享受了自己的人生。

当然，这个故事并不是鼓励我们要提前消费（贷款），而是两种财富观念的对比。

前一位老婆婆的一生，似乎被那憧憬的“美好未来”所束缚住了。她勤俭节约，努力攒钱，就是希望老了以后能住进好的房子，安度晚年。后一位老婆婆却活在当下，在年轻的时候就住进了好的房子，虽然背负了债务，要支付利息，但最终还清了债务。

从某一个层面来看，两位老婆婆的目标都是一样的：拥有一套自己想要的房子，且无负债，但过程却截然相反。

在当今的中国社会，许多年轻人面临着一个共同的现象：为了拥有一套属于自己的房子，他们不得不选择贷款购房。这种方式使他们能够在没有积累足够资金的情况下，提前实现拥有心仪住宅的梦想，这与后一位老婆婆的做法相似。然而，尽管他们已经住进了自己梦寐以求的房子，但他们的心态却还保留着前一位老婆婆的观念。

在决定购买房产之前，年轻人应该深入思考一个重要的问题：买房的真正目的是什么？这个问题的答案对于他们的决策和心态都有着深远的影响。

一方面，如果购房的主要目的是获得住所，那么房价的涨跌似乎与个人的生活品质关系不大。即使房产价值上升，对于一个居住者来说，他的居住环境并不会因此得到实质性的改善。相反，如果房价下跌，居住者的生活品质也不会受到太大的影响。因此，对于这类购房者来说，房价的波动不应该成为他们情绪起伏的主要原因。

另一方面，如果购房是作为一项投资来考虑的，那么在投资之前，年轻人应该有充分的心理准备，意识到所有的投资都伴随着风险。在经济学中，这是一个基本常识：任何投资对象都有可能升值，也有可能贬值。因此，当房地产市场出现波动时，投资者应该保持冷静，理性地分析市场走势，而不是情绪化地对待。

近两年来，中国的房地产市场出现了一些回落的迹象，导致我身边的许多年轻人心情沉重，甚至有些绝望。我可以理解他们的感受，因为房产对于大多数人来说是一笔巨大的投资，市场的波动直接关系到他们的财务状况。然而，我也希望他们能够调整心态，不要让这种情绪长期占据心头。我们每个人都应该珍惜当下，过好每一天，至于未来的不确定性，我们应该顺其自然，不必过分焦虑。

面对未来，我们唯一能做的，就是确保自己的决策是经过深思熟虑的。将来当我们回首过去时，可以问心无愧地说，我们已经尽了最大的努力。无论是在房地产市场还是在生活中的其他领域，这种积极的心态都是至关重要的。因为只有这样，财富自由之路才会离我们更近一点儿。

毕竟所有的明天，都是由无数个今天堆积而成的。过好今天，

无愧于今天，我们才能拥有更加美好的未来。

种下一棵树的最佳时间是现在

在追求财富自由这条充满挑战的道路上，你需要培养和具备许多优秀的个人品质。这些品质如同一盏盏明灯，照亮你前行的道路，帮助你在复杂多变的经济环境中稳健前行。在这些品质中，最为关键且不可或缺的便是自律。

常言道："自律即自由。"这句话揭示了一个深刻的真理：真正的自由不是无拘无束、随心所欲，而是在自我约束的基础上，实现长远的目标和愿景。自律是通往成功的重要基石，无论是在工作还是在个人生活中，它要求我们在每一个细节中都保持自控力。

想象一下，一个缺乏自律的人，他的生活可能是这样的：工作不积极，遇到困难就退缩，回到家后沉迷于各种娱乐活动，比如刷视频、玩游戏，以此来逃避现实中的挑战和压力。这样的人，很难想象他能够走上财富自由之路。当然，不排除有些人可能会因为意外的好运，比如继承遗产或者中彩票，在一夜之间变得富有。但如果没有自律的品质，他们很快就会将这笔意外之财挥霍殆尽，重新回到原点。

就从现在开始

自律不仅仅是一种内在的品质，更是一种可以通过持续实践而养成的习惯。按照心理学家的研究，习惯通常需要一段时间来培养和巩固。具体来说，一项新的行为模式要想转变为习惯，大约需要21天的时间，也就是连续三个星期的坚持。

这个时间框架为我们提供了一个明确的目标：只要能够坚持一个新行为21天，就有可能将其转化为习惯。这就意味着，自律并不是一个遥不可及的理想，而是通过日复一日的努力，让每个人都有机会实现的目标。

然而，尽管自律的培养有着明确的路径和时间表，但真正具有挑战性的是起步阶段。对于大多数人来说，最初的决定和行动往往是最困难的。我们需要克服内心的惰性，打破旧有的模式，这需要极大的意志力和坚定的决心。在这个过程中，我们可能会遇到各种诱惑和挑战，这些都是对我们决心的考验。

因此，自律的真正难点在于开始时的那份决心。一旦我们跨过了这个门槛，坚持不懈地践行我们的决定，自律将会逐渐成为我们生活中的一部分。当我们成功地将自律融入日常生活时，我们会发现，它不仅提高了我们生活的质量，还赋予了我们更多的自控力，使我们能够更好地面对生活中的挑战和机遇。

设定明确的目标

为了确保你在追求目标的过程中能够保持高效和自律，必须要

先明确自己想要实现的目标。这意味着你需要对目标有一个清晰的认识，知道它是什么，以及为什么它对你来说很重要。一旦你有了这样的认识，下一步就是将这个目标具体化。这可能涉及设定具体的里程碑，确定完成目标所需的步骤，以及为每个步骤设定时间表。

除了具体化之外，还需要确保目标是可测量的。这意味着你应该能够跟踪和衡量在实现目标过程中的进展程度。在这个过程中，你能通过设定可量化的标准来实现，比如完成特定任务的数量、达到一定的质量标准，或者是在特定时间内达成某个阶段性目标。

通过将目标具体化和可测量化，你就能够更清楚地知道自己需要做什么，以及如何去做。这种明确性是保持自律的关键，因为它可以帮助你专注于必须完成的任务，避免自己分心。当你知道自己每天、每周或每月需要完成什么时，你就可以更容易地制定计划、监控进度，并在必要时进行调整。

此外，树立具体且可测量的目标还能够提供持续的动力和满足感。每当你完成一个里程碑或者达到一个预定的标准时，你都会有一种莫大的成就感，激励你继续前进。同时，这也有助于你保持积极的心态，即使在面对挑战或困难时，也能够坚持下去。

制订计划和时间表

为了确保工作的效率和秩序，首先，你需要制订一个详尽的计划和时间表。这个计划应该包括你的目标，并将这些目标细化为一系列具体的任务和步骤。这样做的好处在于，它能够让你对整个工作流程有一个清晰的认识，同时也能够让你更容易地追踪进度。

在将目标分解为具体任务时，重要的是要确保每个任务都是可实现的，并且与最终的目标紧密相关。这样一来，每完成一个小任务，你就能够感受到向目标迈进的成就感，从而激励自己继续前进。

其次，为每个任务设定一个明确的截止日期，这是至关重要的。截止日期不仅可以帮助你保持紧迫感，还可以防止你无限期地推迟任务。每当你完成一个任务或者达到一个里程碑时，记得检查时间，确保你仍然按照既定的时间表前进。

通过这样的方式，你可以有条不紊地进行工作，每一步都踏实而坚定。这种系统性的方法有助于避免拖延，因为当你有了明确的方向和期限，你就更有可能遵守计划，不会让事情无限期地悬而未决。

最后，制订计划和时间表还有助于保持自律。当你知道下一步要做什么，以及何时需要完成时，你就更容易抵制那些可能分散你注意力的诱惑。自律是成功的关键，而一个好的计划和时间表则是维持自律的强大工具。

培养良好的习惯

要培养自律能力，关键是将其变成一种自然而然的习惯。这个过程需要大量的时间和持续的努力。一旦形成习惯，自律就会成为我们生活中一个不可或缺的部分。为了达到这个目的，我们可以采取一些具体的策略，比如每天坚持做一系列小事情，这些小事情虽

然看似微不足道，但它们在塑造我们的自律习惯方面起着至关重要的作用。

举个例子，我们可以在每天早晨起床后进行一些体育锻炼。这不仅能够帮助我们保持身体健康，还能激发一天的活力和积极性。无论是简单的拉伸运动，还是一段短程的晨跑都可以作为早晨锻炼的形式。关键在于选择一个你能够持之以恒的运动，并且确保每天都能够按时完成。

另一个例子是每天晚上设定一个固定的时间来学习或阅读。这个时间段可以是半小时，也可以是一个小时，根据个人的日程安排和学习能力来决定。在这个时间内，你可以专注于学习某个特定的技能，或者阅读一些有助于个人成长和发展的书籍。通过每天的学习和阅读，你不仅能够积累知识，还能够提高自己的专注力和理解能力。

无论是早晨的锻炼还是晚上的学习，重要的是要保持一致性。这意味着不管发生什么情况，都要尽量遵守自己设定的计划。当然，偶尔的例外是可以被接受的，但关键是要有恢复计划的决心，不要让小小的挫折影响到整个自律的培养过程。

增强意志力

意志力是维持自律不可或缺的要素，它使我们能够坚持目标，克服诱惑，并在面对困难时保持决心。为了增强这种宝贵的精神力量，我们可以采取一系列行之有效的方法。

首先，定期进行体育锻炼是提升意志力的一种有效途径。通过运动，我们不仅能够增强体质，还能在面对身体疲劳和心理挑战时提高自我控制的能力。运动过程中的坚持和努力，能够在无形中锻炼我们的意志力，使我们在日常生活中更加坚韧不拔。

其次，冥想也是一种被广泛认可的提升意志力的方法。通过冥想，我们可以学会如何管理自己的思绪，专注于当下，从而更好地控制冲动和情绪。冥想不仅能够帮助我们放松身心，还能提高注意力，这对于增强意志力至关重要。

再次，保持良好的睡眠习惯对于意志力的提升同样不可或缺。充足的睡眠能够帮助我们恢复体力和精神能量，使我们在面对挑战时更能集中注意力、更有活力。缺乏睡眠会导致判断力下降，自制力减弱。因此，高质量的睡眠是提升意志力的重要一环。

最后，健康的饮食习惯也对意志力有着显著的影响。均衡的饮食不仅能够提供必要的营养，还能够帮助我们保持稳定的血糖水平，这对于维持精力和避免情绪波动至关重要。当我们摄入健康的食物时，我们的身体和大脑能够更好地工作，从而更容易保持自律和增强意志力。

设定奖励和惩罚机制

为了提高个人的自律性，可以采取一种有效的方法，即为自己设定奖励和惩罚机制。这种方法的核心在于通过外部激励来促使自己坚持目标，保持动力和专注力。

首先，当设定了某个重要的任务或目标时，就可以为自己预设一个相应的奖励。这个奖励可以是任何能够带来愉悦感的事物，比

如观看一部感兴趣的电影、享受一顿美味的大餐、购买一件心仪已久的物品，或者是一段短暂的旅行。更为重要的是，这个奖励应该与完成的任务成正比，既不过于奢侈，也不应太过微薄，以确保它能够有效地激发自己的动力。

例如，如果你成功地完成了一项关键性的工作任务，或者达到了一个学习上的重要里程碑，就可以给自己设定一个奖励，可以是一次放松身心的按摩，或者是几个小时的休闲时光，用来阅读、运动或与朋友聚会。这样的小奖励不仅能够提升你的心情，还能够增强你继续前进的动力。

另外，如果没能按时完成任务，那么设定的惩罚机制也应该相应地发挥作用。这种惩罚不是为了自我折磨，而是为了提醒自己重视承诺和责任。惩罚可以是多样化的，比如暂时放弃某项喜爱的活动、增加额外的工作量、进行一段时间的自我反省，或者是向他人公开承诺并接受监督。

例如，如果你未能在截止日期前完成报告，你可以决定在接下来的一周内每天额外工作一小时，或者暂时放弃每日的咖啡时间，直到任务完成。当然，这种惩罚应该是合理的，且不会让你感到不适，进而激发你完成自己的工作目标。

寻求支持和监督

将自己的目标与周围的人分享，不仅能够让你的目标更加明确，还能够为你提供额外的动力和支持。当你向朋友、家人或者同事透露你的志向时，他们可以为你提供必要的帮助和监督。这种外部的监督机制能够帮助你保持对目标的专注，同时也能够在你遇到挑战或动摇时给予你鼓励和支持。

此外，寻找一个志同道合的伙伴，与你一起朝着共同的目标努力，可以极大地提高双方的成功率。这样的伙伴关系意味着你们可以相互监督，确保彼此都保持在正确的轨道上。在面对困难和挑战时，你们可以互相鼓励，分享彼此的经验和策略，从而找到克服障碍的方法。

在共同进步的过程中，你们可以定期检查彼此的进度，庆祝每一个小成就，这会增强你们的动力，并推动你们继续前进。在这样的合作中，你们不仅能够从对方那里学习到新知识，还能够通过相互的支持建立一个积极的、互相促进的环境。

培养积极的心态

在追求自律的旅程中，保持一种积极的心态至关重要。这种心态不仅仅是一种简单的乐观，也是一种深信自己具备实现目标的能力的信念。要做到这一点，你需要不断地提醒自己，无论面对什么样的挑战和困难，你都有能力克服它们。

首先，相信自己能够做到是成功的第一步。这种信念会激发你的内在动力，让你在面对逆境时不轻言放弃。当你确信自己有能力达成目标时，你会更有动力去规划必要的行动步骤，并且坚持执行这些计划。

其次，积极思考是维持积极心态的关键。这意味着即使在遇到障碍时，你也要努力寻找解决问题的方法，而不是沉溺于消极情

绪。积极思考能够帮助你保持清醒的头脑，使你能够更加理性地分析问题，并找到合理的解决方案。

最后，积极面对是一种对待挑战和困难的态度。当你用这样的角度去看待问题时，你会发现自己变得更加坚韧，更有能力去应对生活中的各种挑战。

坚持不懈的努力

培养自律并非一朝一夕之功，而是一个需要长时间投入和努力的过程。在这个过程中，拥有坚持不懈的精神至关重要。这就意味着，无论面对怎样的挑战，我们都不能轻言放弃，而是要保持坚定的意志，不断地努力和尝试。

在追求自律的道路上，难免会遇到各种各样的困难和挫折。这些挑战可能来自外部环境的变化，也可能是内心欲望的诱惑。在这些时刻，我们需要保持冷静和理智，不被眼前的障碍所吓倒。相反，我们应该将这些困难视为成长的机会，通过克服它们来提升自己的能力和意志力。

在坚持的过程中，自信是一种不可或缺的力量。我们要相信自己拥有克服困难的能力，通过不懈的努力，就有可能取得最终的成功。这种信念会为我们提供动力，帮助我们在面对逆境时保持积极的态度，不断前进。

种下一棵树最好的时间是十年前，其次是在现在。

所以，无论何时，要培养自己的自律，都不算太晚。

你不是在工作，只是在生活

当你不再将工作视为生活的全部，而是将其融入生活的一部分时，这就意味着你已经踏上了通往财富自由的道路。这并不是说你应该立刻放弃现有的工作（因为这样可能会导致你的生活陷入困境），而是建议你找到一份真正热爱的工作，让你的内心充满强大的动力，可以全身心地投入其中。此外，这样的工作将使你不断累加昨日的成功，最终形成指数增长。

当你从事自己热爱的工作并从中获得乐趣时，你已经在生活中实现了财富自由。你不再抱怨工作的繁忙和回报不足，而是从工作中获得了满足感和成就感。这种满足感和成就感，是金钱无法衡量的财富，是你在通往财富自由之路上的重要里程碑。这种状态，将使你更好地理解财富自由的真谛。

财富自由并不仅仅是拥有足够的金钱，而是能够自由地选择你想要的生活方式、做你喜欢的事情，能够从你的工作中获得满足感和成就感。这种状态，将使你更好地理解和实现财富自由，从而实现自我价值。

一份好的工作，一份对自身有价值的工作，其实本身就是生活

的一部分。

在现代社会中，许多人的内心深处都有着一种坚定的信念，那就是工作和私人生活应该是两个完全独立的领域。他们坚信，工作是工作，生活是生活，这两者应该像两条平行线一样，永远不会相交。他们追求的是一种理想状态，在这种状态下，工作不会对生活产生任何干扰，生活也不会被工作所影响。这种观念在很多人心中根深蒂固，仿佛两者之间存在一种天然的对立关系。

而社会现实是工作和生活很难完全割裂开，既然无法对立分开，不如以积极的心态去面对，在工作中寻找到生活的乐趣，同时在享受生活的过程中不忘工作的责任。真正的平衡可能并不是让工作和生活两者保持距离，而是找到一个方式，让工作和生活和谐共存、相辅相成。

除此之外，许多人习惯于将工作、学习和生活看作是三个独立的领域，他们常常会在心中将这些方面进行明确的区分。一个常见的观点是，人们会认为自己在工作中投入了大量的时间，因此需要抽出时间来“充电”或学习，以此提升自己。同样的，也有人觉得长时间的工作会侵占到个人生活的时间和空间，从而感到自己的生活受到了影响。

然而，这种观念可能并不完全正确。实际上，工作本身就是一个不断学习和成长的过程。工作中遇到的每一个挑战和问题，都需要我们动用已有的知识储备，同时也促使我们去探索新的解决方案，这本身就是一种学习。如果我们能够意识到，工作不仅仅是完

成任务，而是一个提升自我、学习新技能的宝贵机会，或许我们对工作的态度可能会有所不同。

试想，如果没有了实际工作场景中的问题意识，学习就会变得抽象而困难。虽然理论的学习很重要，但没有实践中的应用，就很难深刻理解和掌握。当我们从日复一日的工作共同体中抽离出来时，可能会误以为自己正在享受生活。但实际上，这种状态并不能完全被称之为真正的生活。它可能只是一种对工作的厌倦，一种短暂的逃避。

在这样的状态下，我们可能会感到某种程度的空虚和不完整，因为工作不仅仅是谋生的手段，也是我们社会交往、个人成长和实现自我价值的重要方式。当人们不再与同事合作，不再面对工作中的挑战和机遇时，他们可能会失去一个重要的社会角色和个人身份的重要组成部分。工作共同体为我们提供了一个框架，让我们能够与他人建立联系，共同追求目标，分享成功和失败。这种集体经历丰富了我们的生活，给予我们归属感和满足感。

因此，当我们感到自己脱离了工作共同体，就等于失去了一个让我们充满活力和动力的环境。这种失落感可能会被误解为对生活的不满，但实质上，它可能只是表明我们对工作的深层次需求没有得到满足。我们需要重新评估自己的职业生涯，找到那些能够激发我们热情和创造力的工作机会，这样我们才能真正过上充实且有意义的生活。

至于为什么很多人会将工作与生活都区分开来，大概是因为他

们并没有找到一份好的工作。试问，在那些已经获得了财富自由的人眼中，他们真的会把工作与生活划分得那么清楚吗？

当然，我并非让你将工作与生活糅合在一起，没日没夜地工作，而是要你明白，一份好的工作，本身就是生活的一部分。比如对于一些作家来讲，他们在闲暇的时候观察生活，思考生活，最终将这些观察与思考写进自己的书中，这不就是生活与工作两不误的最佳写照吗？

“以终为始”的财富观念

斯蒂芬·柯维在其著名作品《高效能人士的七个习惯》中强调了“以终为始”的习惯。这一习惯的核心理念在于，在开始任何行动之前，我们首先需要明确自己的目标和前进的方向。这种思维方式要求我们在投入时间和精力之前，先对我们希望达到的结果有一个清晰的认识，从而确保我们的每一次努力都是朝着正确的方向。

具体来说，“以终为始”的实践意味着我们需要先深入思考自己追求的终极目标是什么。这可能涉及对自己的价值观、职业规划、生活目标等方面的深刻反思。明确了终极目标后，我们可以进一步制订出长期和短期的目标，这些目标将作为我们日常行动的指南，引导我们的每一步决策和行动。

采用“以终为始”的方法，可以帮助我们避免那种盲目忙碌的状态，即看似勤奋但实则没有明确方向的努力。相反，它鼓励我们有目的地行动，每一个小小的步骤都是为了实现那个最终的大目标。这样一来，我们不仅能够更有效地利用时间和资源，还能确保我们的努力是有价值和意义的，进而实现我们深思熟虑后设定的目标。

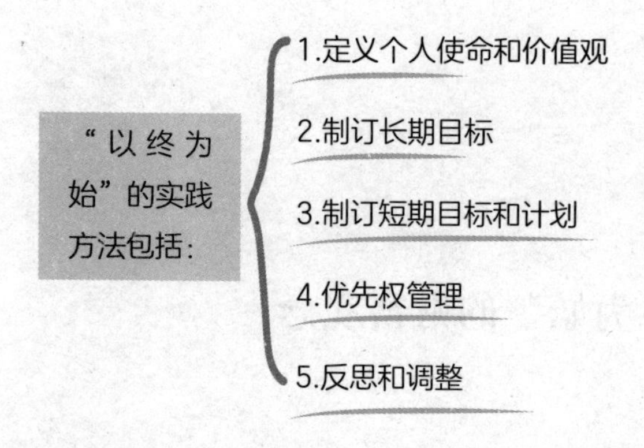

确定个人终极目标

确立人生目标和意义是“以终为始”的第一步，这是一个深思熟虑和自我反省的过程，旨在帮助我们明确自己真正想要实现的终极目标。这些目标可以是多样化的，包括但不限于实现财富自由、为家人提供更好的生活条件，以及投资社会公益等。

首先，实现财富自由可能是许多人追求的目标之一。这就意味着积累足够的财富，使自己不再受到经济压力的限制，能够自由选择自己想要的生活方式，并有机会追求更高层次的目标。财富自由可以为我们提供更多的选择余地，使我们更好地平衡工作和生活，追求个人兴趣和发展，以及实现更多的梦想。

其次，为家人提供更好的生活条件也是一个非常重要的终极目标，其中包括为家人提供良好的教育、医疗保障和舒适的居住环境等，以确保家人的幸福和安全。通过为家人创造更好的生活条件，我们能够给予他们更多的机会和资源，帮助他们发掘自己的潜力，并为他们提供一个稳定的家庭环境。

最后，投资社会公益是另一个有意义的终极目标。通过投资社会公益项目，我们可以为社会作出积极的贡献，改善他人的生活，并推动社会的进步和发展。这包括支持教育、环保、健康等领域的项目，帮助那些需要帮助的人群，以及促进社会的可持续发展。

将财富作为实现目标的工具

我始终认为，财富本身并不是最终目的，而是一把钥匙，可以打开通往我们梦想的大门。

首先，拥有潜在的力量，可以帮助我们获取更多的资源和机会。例如，财富可以帮助我们获得更好的教育，提升我们的知识和技能水平，这对于追求个人成长和职业发展的人来说是无价的。同时，它也可以为我们提供必要的资金支持，使我们能够追求那些可能需要一定经济基础的梦想，如创业、旅行或艺术创作。

其次，财富还可以帮助我们实现那些与家庭和社会价值相关的目标。我们可以利用财富来改善家庭的生活质量，为家人提供更好的教育和生活环境。在更广阔的层面上，财富也可以使我们有能力支持慈善事业，帮助那些需要帮助的人，从而在社会中发挥积极的作用。

然而，将财富视为实现终极目标的工具，并不意味着我们应该盲目追求财富。相反，我们应该明智地管理和使用财富，确保它能够帮助我们朝着正确的方向前进，而不是成为我们前进道路上的障碍。我们需要认识到，真正的幸福和满足来自追求和实现我们的梦想和价值，而财富只是帮助我们达到这些目标的一种手段。

平衡财富与其他价值观

在追求财富自由的路上，我们必须深刻地认识到，生活中还有许多其他同样重要的价值观和目标。除了努力工作以积累财富之外，我们还需要关注家庭的幸福、个人的健康状况、与他人的和谐关系以及个人的成长和发展。

家庭是我们情感支持的基石，它为我们提供了一个爱与被爱的温暖环境。我们应该投入时间和精力来培养和维护这种亲密的关系，确保我们的家庭成员感到被珍视和支持。健康是生活的基础，如果没有健康的身体和心理，我们就无法享受生活中的其他美好事物。因此，我们应该注重健康饮食、定期锻炼和足够的休息，以保持身体和心灵的健康。

人际关系对于我们的生活质量和幸福感有着至关重要的影响。良好的人际关系能够带来支持、鼓励和快乐。所以，我们应该努力建立和维护这些关系，通过倾听、理解和尊重他人来加深我们的联系。同时，个人成长和发展也是我们生活中不可或缺的一部分。我们应该不断学习新知识，发展新技能，追求自我实现，才能成为更完整的个体，拥有更丰富的生活体验。

以长远眼光进行财务规划

“以终为始”的财富观念强调的是一种前瞻性和长远性的财务规划理念。这种理念鼓励我们不仅要关注眼前的收益，更要着眼于未来的可能性和潜在的增长。为了实现这一目标，我们需要采取一系列周密的计划和策略。

首先，制订合理的财务目标是“以终为始”财富观念的核心。这些目标应该是具体、可衡量、可实现、相关性强和时限性的，它们为我们提供了一个清晰的方向和动力，帮助我们在日常的财务管理中保持焦点和纪律。

其次，我们需要制订相应的计划和策略来实现这些财务目标。这可能涉及多个方面，包括但不限于储蓄、投资和理财。储蓄是基础，它帮助我们建立紧急基金，应对突发事件，同时也为我们提供了投资和理财的资本。投资则是财富增长的重要途径，通过股票、债券、基金、房地产等多种渠道，我们可以使资金增值。理财则是一个更为广泛的概念，它包括税务规划、退休规划、保险规划等，旨在优化我们的财务状况，减少不必要的支出，确保我们的财务安全。

在制订这些计划和策略时，我们还需要考虑市场的波动性、个人的风险承受能力、投资期限以及税务影响等因素。这就要求我们定期审视和调整财务规划，以适应经济环境的变化和个人生活情况的变动。

最好的投资标的是自己

其实，在这个世界上，无论你怎样生活，也无论你对投资的热情是否高涨，从你出生的那一刻开始，你就一直处于投资的状态。无论是从小学到中学再到大学，还是进入社会后学习各种技能、建立人际关系等，这些都是一种投资。而这种投资的标的物，就是你自己的成长和进步。

人生中最好的投资标的物，也是你自己。因为投资于自己，不仅可以提升个人的知识和技能水平，还能够增强自信、实现个人目标。通过不断学习和成长，你可以拓宽自己的视野，增加自己的竞争力，为未来的发展打下坚实的基础。

你会发现，在这条通往财富独立和自由的道路上，真正能够成为你坚实后盾的，实际上是自己。你的决策、你的行动、你的坚持，以及你对目标的不懈追求，这些才是决定你能否成功的关键因素。你需要依靠自己的智慧来制订计划，依靠自己的勤奋来执行计划，依靠自己的决心来克服困难和挑战。

这就需要我们具备终身学习的能力，将学习内化在自己的生命中，由外驱动转化成内驱动。

很多人对于“学习”的理解，仍然停留在传统的学校教育层

面。他们认为，学习就是阅读教科书，机械地记忆一些知识点，然后参加一系列的考试。考试结束后，这些知识点很快就会被遗忘。

然而，这样的学习方式，其实并没有真正触及学习的精髓。学习不仅仅是被动地接受知识，而应该是一个主动的过程，带着自己的疑问和探索欲望去寻求答案。学习的途径并不局限于教科书，我们所处的整个社会，就像一所巨大的大学，里面蕴藏着无数的知识宝藏，等待着我们去发掘、去探寻。

在这个信息爆炸的时代，学习的方式已经不再局限于传统的课堂教育。我们可以通过与不同的人建立联系，进行有意义的对话，或者向经验丰富的人请教，这些都是获取知识的有效方式。学习是一个持续不断的过程，我们应该保持对知识的好奇心和求知欲，不断地探索和发现新的知识领域。

在现代社会，学习已经变得更加多元化和灵活。我们可以通过互联网、社交媒体、在线课程等途径获取知识。同时，实践也是学习的重要一环。通过实际操作和实践经验，我们可以更好地理解和掌握知识。

学习不仅仅是为了应付考试，更是为了提升自己的能力和素质。通过学习，我们可以拓宽视野，增长见识，提高解决问题的能力。学习使我们能够适应不断变化的环境和挑战，为自己的发展打下坚实的基础。

当然，学习也将成为我们通往财富自由之路最好的搭档。世界上那些拥有很多财富的人，没有一个是不学习的。查理·芒格曾经说过：“我这辈子遇到的聪明人（来自各行各业的聪明人）没有不每天阅读的——没有，一个都没有。我的孩子们都笑话我。他们觉得我是一本长了两条腿的书。”

因此，我们应该摒弃传统的学习观念，将学习视为一种积极的态度和行动。无论是在学校还是在社会中，我们都应该积极主动地寻求学习的机会，不断地丰富自己的知识储备，提升自己的能力，成为一个终身学习者。

事实上，从我们诞生的那一刻开始，我们就在不断地学习。这种学习是自然而然的，是我们与生俱来的能力。然而，在大多数时候，这种学习并不是主动的，而是被动的。这种学习方式不仅效率低下，而且往往缺乏对知识的深入理解和掌握。如果我们总是等到需要某方面的知识时才去学习，就会感到措手不及，效果也难以保证。

学习本身是一件充满乐趣的事情。比如，孩子们在游戏中，无论是玩丢沙包还是玩“老鹰抓小鸡”，他们实际上也在学习。他们通过游戏锻炼了自己的协调能力、观察能力和团队合作能力，这些能力对他们的成长和发展都是非常重要的。

我们之所以觉得学习是痛苦的，很大程度上是因为长期过于注重考试成绩，而忽视了学习的乐趣和实际应用。这就导致我们对学习产生了消极的态度，认为学习是一种负担和压力。

人的本性是追求进步的，这是深植于我们基因中的本能。试想，如果十年后的我们，与今天的自己相比，没有任何进步或变化，我们会满足吗？当然不会！如果你的回答是“满足”，那你可能要逐渐失去财富自由的机会了。

后　记

致我们还未实现的梦

对于许多人来说，财富自由这个概念仿佛是遥不可及的梦想，就像是在梦中追求的幻影。然而，正如那句充满智慧的话语所提醒我们的："梦想是要有的，万一实现了呢？"

事实上，财富自由并非完全是虚无缥缈的梦想。在现实生活中，有许多人已经成功地实现了这一梦想，他们的例子告诉我们，这个梦想是有可能成真的。既然如此，我们为何不能抱着积极乐观的态度，坚信自己也有机会成为下一个实现财富自由的人呢？

然而，仅仅拥有乐观的心态并不能够让我们走向财富自由。我们需要明确走向财富自由的具体方法和策略。我个人深信，通往财富自由的道路并不仅仅与金钱有关，它更深刻地涉及我们的价值观和认知。在追求财富的过程中，我们必须首先审视自己的内心，去除那些根深蒂固的懒惰和好高骛远的心态。

财富自由的追求，实际上是一个自我成长和转变的过程。我们需要不断地学习，提升自己的能力，扩展自己的视野，同时也要学会理财和投资，这些都是实现财富自由的重要步骤。但在此之前，我们更需要建立正确的价值观，认识到努力工作、持续学习和不断进取的重要性。

财富自由并非一种结果，而是一种我们对生活有把控的状态。它就像是一种介质，让我们能够更坦然、更舒适地度过自己这一生。

最后，愿各位都能实现自己的财富自由。

与君共勉，不虚年华。